우주엘리베이터,
이제 탑승할 시간입니다!

우주엘리베이터, 이제 탑승할 시간입니다!

김상협, 김홍균, 정상민 지음

책내음

프롤로그

우주에서 온 편지

안녕하세요. 저는 미국 뉴햄프셔주에 있는 콩코드 고등학교의 사회 선생님 크리스타 매콜리프라고 해요. 저는 지금 우주왕복선 챌린저호에 타고 있어요. 우주로 가기 위해서죠. 사회 선생님인 제가 왜 우주왕복선에 타고 있는지 궁금하시죠? 저는 어린 시절부터 우주에 관심이 많았답니다. 제가 열세 살이던 해였어요. 텔레비전에서 우주비행사 존 글렌이 우주선을 타고 지구를 세 바퀴나 돌고 지구로 돌아오는 장면을 봤어요. 그 모습을 본 저는 너무 신나고 흥분되었어요. 그래서 친구에게 이렇게 말했어요. "사람들이 달에 가는 날이 언젠가 분명 올 거야! 아마 달에 버스도 다닐걸? 나도 달에 가고 싶어!"

그런데 놀랍게도 그 말을 한 지 몇 년이 지나지 않아서 우주비행사들이 아폴로 11호를 타고 달에 갔어요. 달나라는 어렸을 때 보았던 책이나 영화에만 나오는 이야기인 줄 알았어요. 그런데 실제로 닐 암스트롱과 버즈 올드린이 달 위를 걷는 장면을 텔레비전으로 보고 크게

매콜리프 선생님

크리스타 매콜리프

감동했죠. 그리고 저도 우주인들처럼 곧 달 위를 걸을 수 있으리라는 믿음을 갖게 되었어요. 여러분도 달 위를 달리는 모습을 한번 상상해 보세요. 너무 신나지 않나요? 아마 학교 운동장을 달리는 것보다 훨씬 재미있을 거예요. 달리다 보면 달에 산다는 방아 찧는 옥토끼를 만날지도 몰라요.

아무튼, 어릴 때부터 우주여행을 꿈꾸던 저에게 어느 날 꿈을 실현할 기회가 찾아왔어요. 미국항공우주국 나사에서 우주에 갈 교사를 모집한다는 뉴스를 본 거예요. 나사에서 어린이들이 우주에 대한 꿈을 키울 수 있도록 우주에 선생님을 보내서 수업을 진행할 계획을 세운 거죠.

저는 당연히 신청했어요. 신청서에는 이렇게 썼어요. "저는 어릴 때부터 인류가 우주에 도전하는 과정을 지켜봐 왔습니다. 이제 저도 참여하고 싶습니다."

우주에 가는 일은 신나지만, 가는 길이 쉽지 않아요. 비행기를 타고 다른 나라로 여행을 가는 것보다 몇십 배, 몇백 배 어려운 일이죠. 그래서 이 프로그램에 신청하는 선생님이 많지 않을 줄 알았어요. 그런데 미국에서 무려 1만 1,000명이나 되는 선생님이 참가 신청을 했다는 뉴스를 보고 깜짝 놀랐어요. 나와 같은 꿈을 꾸고 있는 선생님들이 이렇게 많다니, 정말 놀라운 일이죠. 우주선을 타고 우주에 가는 일보다 우주선이 있는 나사까지 가는 일이 훨씬 어려워 보였어요.

그래도 저는 최선을 다해 심사에 참여했어요. 그리고 2명을 선발하는 뉴햄프셔주 대표로 뽑혔어요. 전체 신청자 1만 1,000명 중에서 114명 안에 든 거예요. 이것도 기적 같은데,

달 위를 걷는 버즈 올드린

 10명을 뽑는 다음 과정도 통과했어요. 저는 다른 9명의 후보와 함께 백악관에 초대되었어요. 우주에 갈 수 있다는 생각에 설레서 가슴이 마구 뛰었어요. 드디어 조지 부시 부통령이 우주에 갈 선생님의 이름을 불렀어요.
 "우주에 갈 선생님은 크리스타 매콜리프입니다! 축하합니다!"
 저는 너무 기뻤어요. 마음은 벌써 우주를 날고 있었죠. 하지만 진짜 우주에 가기 위한 과정은 쉽지 않았어요. 1년 동안 학교를 쉬고 여러 달 동안 훈련을 받아야 했어요. 무중력 상태인 우주에서 생활하기 위한 훈련과 우주에서 학생들에게 보여줄 여러 가지 실험을 연습했어요.
 그리고 드디어 제가 우주에 가는 날이 다가왔어요. 1986년 1월 22일. 우주왕복선 챌린저호가 저를 포함한 우주비행사 7명을 태우고 우주로 발사될 예정이었어요. 오래전부터

훈련 중인 매콜리프

꿈꾸었던 일이 드디어 실현된다는 생각에 잠을 이룰 수 없었죠.
　하지만, 앞서 발사되었던 컬럼비아호 일정이 늦어지는 바람에 발사가 이틀이나 미뤄졌어요. 그리고 이틀 뒤인 1월 24일에는 비상착륙 장소 문제로 또 발사가 연기되었고, 1월 27일에는 우주왕복선 출입문 손잡이가 고장 나는 바람에 다시 하루가 연기되었죠. 우주는 쉽게 갈 수 있는 곳이 아닌가 봐요.
　벌써 5일이나 미뤄졌으니 오늘은 꼭 발사해야 해요. 그런데 날씨가 너무 추워요. 발사 장소인 플로리다는 미국의 가장 남쪽에 있어요. 그래서 겨울에도 오렌지를 재배할 정도로 따뜻하죠. 그런데 올해는 한파가 몰아쳐서 온도가 영하로 떨어졌어요. 발사대에 서 있는 챌린저호에도 고드름이 주렁주렁 매달려 있네요. 그동안 이렇게 추운 날씨에 우주왕복선을 발사한 적이 없어서 조금 걱정이에요. 하지만, 오늘은 꼭 발사해야만 해요. 챌린저호 이후에도 우주왕복선을 계속 발사해야 하거든요. 그래서 더는 미룰 수 없을 것 같아요.
　나사는 9시 37분에 챌린저호를 발사할 예정이라고 발표했어요. 그런데 화재 감지 시스

프롤로그　7

발사대에 매달린 고드름

템에 문제가 생겼지 뭐예요. 다시 2시간이 연기되었어요. 그래서 저는 지금 챌린저호 좌석에 묶여서 꼼짝없이 누워있어요.

다행히 이제 발사가 가능해졌어요. 드디어 카운트다운이 시작되었어요.

11시 37분 53초.

주 엔진이 불을 뿜기 시작했어요. 챌린저호 사령관 딕 스코비가 "자, 가자!"라고 외쳤어요. 그러자 우주비행사 주디스 레스닉이 "좋아요!"라고 응답했어요. 우주왕복선 챌린저호가 큰 소리와 불꽃을 내뿜기 시작했어요. 그리고 땅에서 솟구쳐올라 우주를 향해 맹렬하게 날아가고 있어요.

저는 둘째 날과 넷째 날에 우주 수업을 진행할 예정이에요. 우주에서 여러분을 만날 생각을 하니 벌써 기대가 되네요. 저의 우주 수업은 성공적으로 마칠 수 있겠죠? 여러분도 저의 우주 수업을 꼭 지켜봐 주세요!

이 편지는 1986년 1월 28일 발사된 챌린저호에 탑승했던 크리스타 매콜리프 선생님의 이야기를 가상의 편지로 엮은 것입니다.

챌린저호 우주비행사. 뒷줄 왼쪽에서 두 번째가 매콜리프이고 앞줄 가운데가 사령관 스코비

케네디 우주센터에서 불꽃을 내뿜으며 발사되는 챌린저호

CONTENTS

프롤로그 우주에서 온 편지   004

1장
로켓을 타고 우주로

로켓은 어디에서 시작되었을까?
폭죽으로 시작하는 중국의 새해맞이 015 | 대나무를 태워 괴물을 물리친 노인 018 | 로켓의 조상은 대나무 조각? 021

현대 로켓은 어떻게 탄생했을까?
폭죽에서 무기가 된 화약 024 | 현대 로켓의 탄생 028 | 진정한 현대 로켓의 아버지 폰 브라운 032 | 독일이 만든 최초의 로켓 무기-V2 036

현대 로켓은 어떻게 발전해 왔을까?
폰 브라운과 V2 로켓의 운명 040 | 소련의 스푸트니크 1호와 미국의 망신 044 | 폰 브라운의 야심작 새턴 V 로켓의 탄생 049 | 미국의 극적인 역전과 새로운 도전 052 | 새로운 형태의 탐사선 등장 055

로켓을 타는 것은 안전할까?
매콜리프가 탄 마지막 우주왕복선 챌린저호 060 | 챌린저호의 사고 원인 064 | 목숨을 담보로 한 위험한 발사 066 | 지구로 돌아오는 게 더 위험하다! 069 | 끊임없이 발생하는 착륙 과정의 사고 073

2장
우주로 가는 또 다른 방법 - 우주엘리베이터

드디어 우주엘리베이터가 완성됐어요! 081

하늘을 오르는 방법
인간 탑 쌓기 084 | 신이 되고 싶은 인간의 욕망, 바벨탑 086 | 잭과 콩나무, 해와 달이 된 오누이 087

우주엘리베이터의 역사

치올코프스키의 에펠탑 092 | 유리 아르츠타노프의 케이블 094 | 제롬 피어슨의 우주엘리베이터 095 | 에드워드의 실현 가능한 우주엘리베이터 096

우주엘리베이터의 구조

인간의 편리한 도구, 엘리베이터의 구조 101 | 주엘리베이터는 어떻게 생겼을까? 103 | 우주엘리베이터의 케이블은 무엇으로 만들까? 108 | 탄소나노튜브의 발명 111 | 우주에서 전기는 어떻게 사용하지? 113

우주엘리베이터의 건설

케이블은 어떤 곳에 묶어야 안전할까? 116 | 우주엘리베이터의 본부, 지오스테이션 119 | 상상을 현실로! 우주엘리베이터의 건설 과정 121

3장
우주엘리베이터의 미래

2233년 11월 25일 제목 : 소원 별똥별 뿌리기! 129

인류가 고대하던 우주여행의 시작

우주 스카이다이빙과 별똥별 만들기 체험 134 | 우주에서 일몰 체험을? 138 | 무중력 요리를 맛보며 무중력 투어를! 141 | 가벼워진 몸을 느낄 수 있는 화성 중력 체험 145 | 물이 귀한 우주에서 수영을 할 수 있다? 148 | 우주에 내 발 도장 남기기, 달파크 체험 152 | 달에서 즐기는 농구와 탁구는 어떨까? 154

인류의 새로운 희망, 우주공장

우주의 식량 보급지, 우주공장의 건설 159 | 우주농장에서 자란 식량으로 우주요리대회를! 161 | 우주공장의 장점 165 | 다양한 설계가 가능한 우주공학 168 | 전기 사용이 자유로운 우주 171

끝없는 인류의 여정, 우주탐사

저궤도 위성 게이트 176 | 화성에서 살 날이 곧 실현된다! 178 | 우주엘리베이터의 종착지, 펜트하우스 터미널 179 | 우주광산으로 인류의 새로운 꿈을 꾸다! 182 | 달에도 우주엘리베이터를 만들 수 있을까? 184

인류의 미래를 향한 출발

우주엘리베이터의 출발, 지구포트 187 | 출발! 우주로!! 189

1장

로켓을 타고 우주로

우주엘리베이터, 이제 탑승할 시간입니다!

로켓은 어디에서 시작되었을까?

폭죽으로 시작하는 중국의 새해맞이

'까치 까치 설날은 어저께고요,
우리 우리 설날은 오늘이래요.'

이 노래는 여러분도 잘 아는 설날 노래예요. 설날은 음력으로 새로운 한 해가 시작되는 날로 정월 초하루라고도 해요. 설날에 우리는 떡국을 먹고 웃어른께 세배를 드리죠.
 설은 주로 아시아 지역의 나라에서 명절로 기념해요. 중국도 우리와 같이 음력 1월 1일에 설을 쇠요. 중국 사람들은 설을 춘제라고 불러요. 춘제 때 중국 이곳저곳에서는 큰 폭발음을 들을 수 있어요. 이 폭발음은 다름 아닌 폭죽을 터트리는 소리예요.

춘제에 폭죽을 터트리는 중국

    중국에서는 새해를 기념하기 위해 춘제 때 폭죽을 터트리는 일을 하나의 고유한 풍습으로 여기고 있어요. 지금은 많이 사라졌지만, 우리나라에서 정월 대보름(음력 1월 15일)에 했던 쥐불놀이와 비슷한 풍습이라고 할 수 있어요. 춘제가 다가오면 중국의 시내에는 폭죽 판매대가 여러 군데 생겨요. 여기서 사람들은 많은 돈을 주고 폭죽을 사죠. 그리고 밤과 낮을 가리지 않고 폭죽을 터트리는데 그 기간이 일주일이 넘는다고 해요.

    폭죽을 터트리는 것이 명절 풍습이라고 하지만 폭죽을 지나치게 많이 터트리다 보니 여러 가지 문제가 생겨요. 춘제 기간에 베이징과 같은 대도시 주민들은 끊임없는 폭발음에 시달려야 해요. 일주일 내내 밤낮으로 여기저기서 폭발음이 들린다고 생각해보세요. 끔찍한 일이죠. 그리고 많은 폭발로 미세 먼지가 도시를 가득 채워요.

길거리를 덮은 폭죽 잔해

    2017년 춘제 기간에는 중국 62개 도시의 미세 먼지 수치가 기준치의 15배를 넘었다고 해요. 거의 공기 반 먼지 반인 셈이죠. 이 미세 먼지는 바람을 타고 우리나라까지 날아와서 경기도 지역의 대기 중 중금속 수치를 13배나 높인다고 해요.*

    그런데 더 큰 문제는 폭죽으로 사람이 죽거나 다치는 일이에요. 2016년 1월에 중국 폭죽 공장이 폭발해서 1,000명 이상이 대피했고, 2019년에는 폭죽 판매점이 폭발해서 주택 4채가 불타고 5명이 사망했어요. 2021년 1월에는 맨홀 뚜껑 사이로 폭죽을 던진 11세 소년이 맨홀 아래 가득 차 있던 가스가 폭발하면서 사망하는 안타까운 일이 생기기도 했죠.

    그래서 중국 정부는 폭죽을 규제하기 시작했어요. 일부 도시에서는 춘제 기간에 폭

* 2019년 경기도 보건환경연구원에서 설날 이틀 후 조사한 스트론튬 농도

맨홀 안에 넣은 폭죽이 폭발한 모습

죽을 판매할 수 없도록 했고, 신분증을 보여줘야만 폭죽을 살 수 있도록 하기도 했죠. 하지만 중국 사람들의 폭죽 사랑은 여전히 멈추지 않고 있어요. 중국 사람들은 이렇게 큰 문제를 일으키는 폭죽을 왜 계속 터트리는 걸까요?

대나무를 태워 괴물을 물리친 노인

춘제에 폭죽을 터트리는 풍습은 중국에 전해 내려오는 무서운 괴물 '니엔(nián)'에 대한 설화와 관련이 있어요. 니엔은 사자처럼 납작한 얼굴에 날카로운 송곳니를 가지고 있었어요. 그리고 몸은 개와 비슷하게 생겼죠. 니엔은 1년 내내 잠을 자다가 섣달그믐 날(음력 12월 마지막 날) 깨어났어요. 1년 동안 잠을 잤으니 몹시 배가 고팠겠죠? 니엔은 굶

괴물 니엔

주린 배를 채우기 위해 마을로 내려왔어요.

  니엔은 잡식성이라 눈에 보이는 건 무엇이든 잡아먹었어요. 그래서 사람들은 매년 섣달그믐날이면 니엔을 피해 산속으로 피난을 가야 했어요. 그러던 어느 해 섣달그믐날이었어요. 그날도 사람들이 모두 피난을 가서 마을은 텅 비어있었죠.

  그때 마을에 머리가 하얀 노인이 나타났어요. 노인은 혼자 괴물 니엔을 맞이할 준비를 했어요. 그리고 어김없이 니엔이 나타나서 먹을 것을 찾아 마을을 헤매고 다녔어요. 그러다가 드디어 노인의 집 앞에 다다랐어요. 어떻게 되었을까요?

  노인은 대문에 붉은색 종이를 붙여 놓았어요. 그리고 니엔이 나타나자 대나무에 불을 붙였답니다. 그러자 대나무가 '탁, 탁' 소리를 내며 타기 시작했죠. 니엔은 대나무가 불에 타는 소리를 듣고 깜짝 놀라서 그 길로 뒤도 돌아보지 않고 도망을 갔어요.

  산속으로 피난을 갔던 사람들은 백발노인이 니엔을 물리쳤다는 소식을 듣고 마을로 내려왔어요. 그리고 그때부터 섣달그믐이 되면 사람들은 모닥불을 피우고 대나무를 태웠어요. 니엔을 물리치려고요.

괴물 니엔은 다름 아닌 '해'를 뜻하는 중국어예요. '2023년'의 '년'을 중국어로 하면 '니엔'이에요. 중국 사람들도 해가 바뀌고 세월이 흘러가는 것을 괴물처럼 싫어했던 것 같아요.

중국 사람들이 춘제에 폭죽을 터트리는 것은 해마다 찾아오는 괴물 니엔과 같은 나쁜 귀신들을 쫓아내기 위한 풍습에서 시작된 거죠. 지금은 춘제에 대나무가 아닌 화약을 터트리지만, 여전히 '폭발하는 대나무'라는 뜻의 '폭죽'이라고 하는 것도 이 때문이에요.

옛날 중국의 산에는 괴물 니엔에 버금가는 무서운 원숭이들이 실제로 살고 있었어요. '산 도깨비'라고 불리는 이 원숭이는 배가 고프면 민가로 내려왔어요. 그리고 곡식을 약탈하고 사람을 해쳤어요. 마치 시골에서 멧돼지가 마을로 내려오는 것과 같아요. 배고픈 멧돼지는 산에서 내려와 밭에 심어놓은 농작물을 해치거나 사람을 공격하기도 해요. 그래서 멧돼지를 물리치기 위해 공포탄을 쏘거나 멧돼지가 싫어하는 소리를 내서 쫓아내죠.

옛날 중국에서도 난폭한 원숭이를 쫓아내기 위해 큰 소리를 내는 방법을 찾았을 거예요. 그리고 대나무가 불에 탈 때 나는 '탁, 탁' 소리를 원숭이들이 싫어한다는 것을 알게 되었죠. 그래서 대나무를 태워서 원숭이를 쫓았을 테고요. 그런데 시간이 지나면서 원숭이들은 이 소리에 겁을 먹지 않았어요. 사람들은 더 큰 소리를 내는 방법을 찾아야 했어요.

로켓의 조상은 대나무 조각?

옛날 중국에는 도교라는 종교가 유행했어요. 도교를 믿고 수행하는 사람을 도사라고 해요. 도사들은 서양의 연금술과 비슷한 연단술을 사용했어요. 연단술은 여러 가지 광물을 섞어 약을 만드는 기술이에요.

도사들은 불로장생약이나 만병통치약을 만들려고 했어요. 이들은 약을 만들기 위해 20여 가지의 광물을 사용했어요. 금, 은, 구리, 소금, 염초, 유황, 숯 같은 것이었죠. 염초

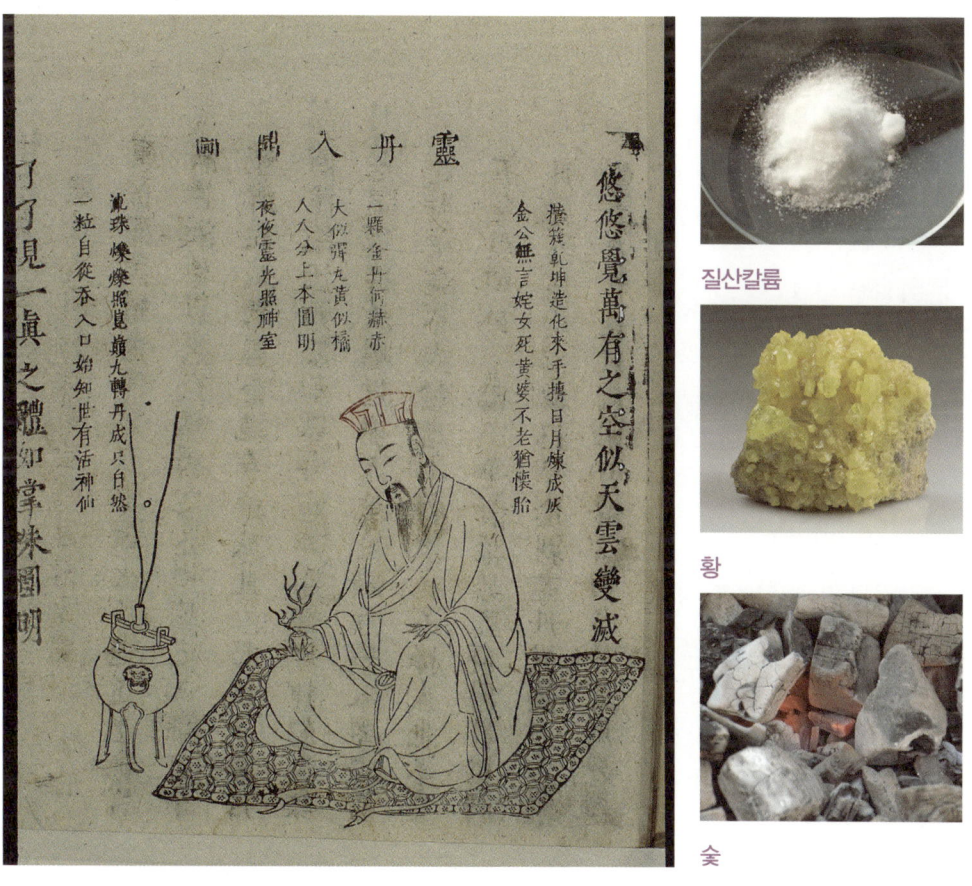

만병통치약을 만드는 도사

질산칼륨

황

숯

1장. 로켓을 타고 우주로 21

는 질산칼륨 결정이에요. 질산칼륨은 비료나 치약의 재료로 쓰이죠. 유황은 화산이 폭발할 때 흘러나오는 물질로 사람의 몸에도 약 140g이 있어요. 숯은 여러분도 본 적이 있을 거예요. 고기를 구워 먹을 때 사용하죠.

도사들은 광물을 섞어서 솥에 넣고 끓여서 약을 만들려고 했어요. 그런데 염초와 유황과 숯을 솥에 넣고 끓였더니 격렬하게 반응했어요. 기록에 의하면 연기와 불꽃이 나서 사람이 화상을 입고 집에 불이 붙었다고 해요. 이후에 염초와 유황과 숯을 일정한 비율로 섞어서 화약을 만들었어요. 화약은 위험한 폭발물인데 '약'이라고 부르게 된 이유가 바로 여기에 있어요(실제로 명나라와 조선에서는 화약을 약재로 쓰기도 했어요).

염초와 유황과 숯을 섞어서 태우면 불꽃과 큰 폭발음이 난다는 사실을 알아낸 사람들은 빈 대나무 안에 이 물질을 넣고 밀봉한 후 모닥불 속에 던졌어요. 그랬더니 큰 폭발음이 나면서 원숭이가 도망을 갔어요. 대나무 안에서 화약이 폭발한 거죠.

그런데 불 속에 던졌던 대나무 중에서 몇 개가 폭발하지 않고 빠른 속도로 튀어 나갔어요. 완전히 밀봉되지 않은 대나무 안에서 염초와 유황, 숯이 타면서 반작용으로 대나무가 모닥불 밖으로 날아간 거예요. 지금의 로켓과 비슷한 원리죠. 그래서 과학자들은 최초의 로켓이 이렇게 탄생했을 것으로 생각하고 있어요. 물론 그 당시 사람들은 모닥불 밖으로 날아간 대나무 조각이 후에 로켓의 조상이 될 것으로 생각하지 못했겠죠. 그때 대나무가 날아간 거리는 불과 몇m에 지나지 않았을 거예요.

그에 비해 2022년 6월 21일 순수한 우리나라의 기술로 쏘아 올린 누리호의 3단 로켓은 지표면에서 700km를 올라갔어요. 700km는 세계에서 가장 높은 산인 에베레스트(8,848m)의 약 80배가 되는 높이예요.

어떻게 현대 로켓은 이렇게 높은 곳까지 올라갈 수 있을까요? 이제부터 현대 로켓이 이렇게 발전하게 되는 과정을 살펴볼게요.

2022년 6월 21일 누리호 2차 발사

현대 로켓은 어떻게 탄생했을까?

폭죽에서 무기가 된 화약

불로장생의 약을 만들려던 연단술로부터 염초와 숯과 유황을 섞어 화약이 발명되었어요. 그런데 화약은 불로장생보다는 사람을 죽이거나 다치게 하는 일에 더 많이 쓰이게 돼요. 강한 폭발력 때문에 전쟁 무기로 주로 사용되었죠. 화약은 어떤 원리로 폭발하는 것일까요?

흑색 화약

어떤 물질이 타기 위해서는 타는 물질과 타도록 도와주는 물질이 필요해요. 예를 들어 생일 케이크에 꽂는 초는 석유에서 얻은 파라핀이라는 물질로 만들어요. 기름을 굳힌 것이죠. 초의 심지에 불을 붙이면 파라핀이 녹아 액체 기름이 되고 이것이 주변의 산소와 만나서 타게 돼요. 이때 파라핀은 타는 물질이고 산소는 타도록 도와주는 물질이에요. 그래서 타고 있는 초를 유리병으로 덮으면 산소가 차단되어 초가 꺼지게 되죠. 타도록 도와주는 물질을 산화제라고 해요. 그리고 산화제로 쓰이는 물질은 산소뿐만 아니라 다른 물질도 있어요.

파라핀

초의 연소

화약에서 타는 물질은 숯이에요. 질산칼륨(염초)은 숯이 타도록 도와주는 산화제 역할을 해요. 그리고 황은 낮은 온도에서도 숯에 불이 붙을 수 있도록 도와주는 역할을 해요. 여기서 중요한 물질은 질산칼륨이에요. 질산칼륨이 조금 들어가면 숯이 천천히 타고 많이 들어가면 아주 빠르게 타게 되죠. 화약은 숯의 양보다 질산칼륨의 양이 5배 가량 더 많이 들어있어서 아주 격렬하게 타면서 폭발하게 돼요.

화약은 무기에 쓰이기도 하지만 불꽃놀이에 사용되어 사람들을 즐겁게 하기도 해요. 불꽃놀이는 화약에 색을 내는 여러 가지 화학물질을 섞어서 하늘에서 폭발시키는 것이에요. 화약에 나트륨을 섞으면 노란색 불꽃이 되고 구리를 섞으면 청록색이 돼요. 빨간색 불꽃을 만들고 싶으면 화약에 스트론튬을 섞으면 되죠. 여러분은 어떤 색의 불

불꽃놀이

꽃을 만들고 싶나요? 여러분이 원하는 색을 내는 원소에 화약을 섞으면 그 색을 낼 수 있어요. 여러 가지 광물을 섞어 불로장생의 약을 만들려던 연단술이 바로 이런 것이 아닐까요?

중국은 화약을 이용하여 다양한 무기를 만들었어요. 대표적인 것이 '화전'과 '비화창'이에요. 화전은 '불화살'이라는 뜻이에요. 불화살이라고 해서 단지 화살에 불을 붙여 날리는 것은 아니에요. 화전은 화살에 약통을 달고 그 안에 화약을 넣어요. 그리고 화약에 불을 붙이면 화약이 탈 때 생기는 반작용으로 화살이 날아가죠. 마치 바람이 가득 찬 풍선의 주둥이를 묶지 않고 놓아두는 것과 마찬가지예요. 비화창도 화전과 원리가 같아요. 화약이 든 약통을 창에 단 후에 화약이 타면서 창이 날아가도록 한 것이죠. 화전과 비화창은 요즘 사용하고 있는 로켓이나 미사일의 원리와 비슷해요. 화약을 태우며 날아가는 화살이나 창은 보통 창보다 훨씬 빠르겠죠? 그리고 더 멀리 날아갈 수 있었어요.

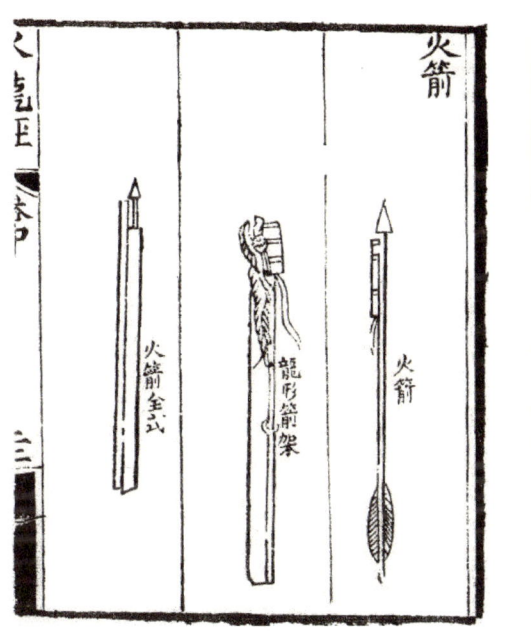
화전

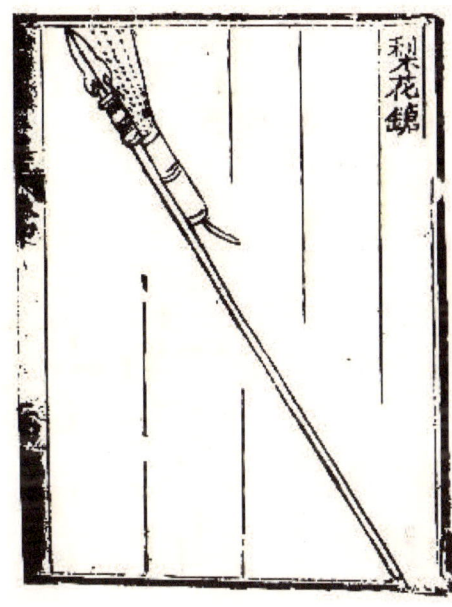
비화창

중국에서 발명된 화약은 곧이어 유럽으로 퍼져나갔어요. 화약이 유럽으로 전파된 것도 전쟁 때문이었어요. 1200년대 중국을 지배하던 나라는 몽골이었어요. 몽골은 당시 세계 최강의 군사력을 가지고 있었어요. 특히 말을 타고 달리는 몽골의 기마병을 당해 낼 나라는 많지 않았죠. 몽골은 많은 나라를 침략했어요. 고려, 일본, 베트남, 미얀마와 같은 대부분의 아시아 국가를 침략했어요. 그리고 러시아, 폴란드, 헝가리, 오스트리아와 같은 유럽의 국가까지 몽골 기마병이 내달렸죠. 이 과정에서 화약과 화약을 이용한 무기들이 유럽으로 전해졌어요. 화약이 유럽에 전해지면서 총이나 대포와 같은 무기가 개발되었고 점차 전쟁에 사용되었어요.

현대 로켓의 탄생

유럽으로 화약이 전파되었지만 로켓 기술은 빠르게 발전하지는 않았어요. 로켓보다는 대포나 총이 전쟁에 주로 쓰였죠. 대포와 로켓의 차이는 무엇일까요? 대포는 대포 안에 화약과 포탄을 넣은 후 화약을 한 번에 폭발시켜 포탄을 적게 쏘아요. 로켓은 로켓 안에 들어있는 연료를 나누어 태우면서 날아가는 것이에요. 앞에서 이야기했던 주둥이를 묶지 않은 풍선과 같아요.

로켓은 날아가는 동안 추진력을 계속 받아 멀리 날아갈 수는 있었어요. 하지만 떨어지는 지점을 정확히 가늠할 수 없었죠. 그래서 무기보다는 불꽃놀이에 주로 쓰였어요.

로켓이 무기로 큰 역할을 한 시기는 1700년대 후반이었어요. 당시 세계 최고의 군사력을 가지고 있던 영국은 인도를 침략했어요. 인도를 식민지로 만들려는 속셈이었죠. 그러나 인도는 비장의 무기인 마이소르 로켓을 가지고 있었어요. 마이소르 로켓은 길이 1m의 대나무에 20cm의 약통을 달고 있었어요. 그동안 화약을 넣는 약통은 주로 종이로 만들었어요. 그런데 종이 약통은 화약의 큰 폭발력을 잘 견디지 못했어요. 그래서 화

청동 대포

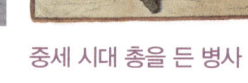

중세 시대 총을 든 병사

마이소르 로켓을 사용한 인도-영국 전투

약을 많이 넣을 수 없었죠. 마이소르 로켓은 약통을 철로 만들었어요. 많은 화약을 넣어도 잘 견딜 수 있었죠. 마이소르 로켓은 약 500g의 화약으로 900m를 날아갔어요. 거기다가 대나무에 칼날을 달아 위력을 더 크게 했죠. 이 로켓은 1792년 영국과의 전투에서 큰 위력을 발휘했어요. 하지만 계속된 영국의 공격으로 인도는 결국 영국의 식민지가 되고 말았어요.

영국은 인도와의 전쟁에서 승리했지만, 마이소르 로켓에 혼쭐이 났죠. 하마터면 전쟁에 질 뻔했으니까요. 이 전쟁에 참여했던 윌리엄 콩그리브는 마이소르 로켓을 영국으로 가지고 왔어요. 그리고 최대 2.7km까지 날아가도록 개량했어요. 이 로켓은 그의 이름을 따서 콩그리브 로켓이라고 불러요. 영국은 1813년 미국과의 전쟁에서 콩그리브 로켓을 사용했어요. 영국군은 미국 델라웨어주 루이스에 무려 22시간 동안 로켓을 퍼부었어요. 로켓을 처음 본 미국 사람들을 깜짝 놀라게 했죠.

콩그리브 로켓을 쏘는 군인

　그 이후 로켓은 계속 발전했어요. 미국 남북 전쟁에서도 로켓이 사용되었고 미국과 멕시코의 전쟁에도 사용되었어요. 하지만 여전히 명중률이 높지 않았어요. 더 많이 쓰인 건 역시 대포였죠. 당시 로켓에 쓰였던 고체 연료는 일단 불이 붙으면 모두 탈 때까지 끌 수가 없었어요. 대포보다는 멀리 갔지만, 로켓이 떨어질 지점을 정확하게 조정하기가 어려웠죠.

　누리호와 같은 현대식 로켓은 고체 연료가 아닌 액체 연료를 사용하면서 가능해졌어요. 액체 연료는 고체 연료와 달리 태우는 양을 조절할 수 있어요. 마치 수도꼭지를 돌려서 수돗물의 양을 조절하듯이 말이죠. 연소하는 연료의 양을 조절하면 로켓을 조종하기가 훨씬 쉬워요.

　하지만 액체 연료는 고체 연료보다 다루기가 어려워요. 연료(타는 물질)와 산화제(타도록 도와주는 물질)를 서로 다른 탱크에 보관해야 하죠. 그리고 연료와 산화제를 탱크 밖으로 빠르게 내뿜는 기술도 필요해요. 그래서 액체 연료 로켓은 1920년대 중반에 처음 등장해요.

액체 연료 로켓의 발사에 처음 성공한 사람은 '현대 로켓의 아버지'로 불리는 미국의 로버트 고다드였어요. 고다드는 1926년 3월 6일 매사추세츠주 오번에서 세계 최초로 액체 연료로 로켓을 쏘아 올렸어요. 고다드가 사용한 연료는 휘발유였어요. 산화제는 액체 산소를 사용했죠. 고다드가 처음 쏘아 올린 로켓은 불과 2.5초를 날았어요. 그리고 12.5m까지 올라가는 데 그쳤죠. 그러나 고다드가 액체 연료 로켓에 성공한 것은 라이트 형제가 최초의 동력 비행에 성공한 것만큼 큰 업적이에요.

놀라운 사실은 고다드가 국가의 도움 없이 혼자 힘으로 로켓을 개발했다는 거예요. 당시 미국 정부는 고다드가 연구 중이었던 로켓에 큰 관심이 없었어요. 오히려 뉴욕타임스와 같은 신문은 고다드의 연구를 조롱하는 기사를 싣기도 했어요. 그런데 미국과

고다드와 최초의 액체 연료 로켓

달리 독일의 과학자들이 고다드의 연구에 관심을 가지기 시작했어요. 그리고 그 중심에는 고다드와 함께 '현대 로켓의 아버지'로 불리는 베르너 폰 브라운이 있었어요.

진정한 현대 로켓의 아버지 폰 브라운

1960년 48세의 폰 브라운

폰 브라운은 1912년 독일에서 태어났어요. 그의 어린 시절 꿈은 음악가였어요. 어릴 때부터 첼로와 피아노를 배웠죠. 그는 악보를 모두 외워 베토벤과 바흐의 곡을 피아노로 연주했어요. 폰 브라운은 10대 때 혼자 곡을 만들 정도로 음악에 재능이 있었어요. 아마 폰 브라운이 음악가가 되었다면 현대 로켓의 개발이 한참 늦겨졌을지도 몰라요.

그런데 열세 살 생일에 아마추어 천문학자였던 어머니가 망원경을 선물로 주셨어요. 폰 브라운은 망원경으로 달과 우주를 관측하면서 천문학에 흥미를 느끼게 시작했어요. 그리고 로켓 과학자인 헤르만 오베르트가 쓴 '행성으로 가는 로켓'이라는 책을 읽고 우주여행과 로켓에 빠져들었어요. 꿈이 음악가에서 로켓 과학자로 바뀌게 된 거죠.

당시 독일에서는 폰 브라운의 눈을 번쩍 뜨이게 한 놀라운 구경거리가 유행했어요. 바로 로켓 자동차였죠. 로켓 자동차는 자동차에 로켓 엔진을 단 것이에요. 로켓 자동차의 속도는 무려 시속 290km에 이를 정도였어요. 시속 290km는 1초에 66m를 가는 빠르기죠.

궤도 위를 달리는 로켓 자동차

　여러분이 다니는 학교의 운동장 길이가 얼마인지 알아보세요. 만약 여러분 학교의 운동장 길이가 100m라면 로켓 자동차는 2초가 되기도 전에 운동장 끝까지 갈 수 있다는 이야기예요.

　16세의 폰 브라운은 로켓 자동차의 빠른 속도와 큰 폭발음에 흥분을 감출 수 없었어요. 마치 아이돌에 흠뻑 빠진 요즘 청소년들과 같았죠. 그리고 청소년들이 좋아하는 아이돌의 춤과 노래를 따라 하듯이 폰 브라운도 로켓 자동차를 직접 만들기로 했어요. 그는 집으로 돌아와 장난감 자동차에 폭죽을 붙인 다음 베를린 시내로 끌고 가 폭죽에 불을 붙였어요. 그런데 예상치 못한 일이 일어났어요. 폭죽이 타면서 추진력을 얻은 자동차가 미처 손쓸 틈도 없이 시내를 내달리기 시작했어요. 자동차는 사람들 사이를 아슬아슬하게 비껴갔어요. 결국 자동차는 나무를 들이받고 겨우 멈추었어요. 다행히 아무도 다치지 않았지만 폰 브라운은 아버지가 데리러 올 때까지 경찰서에 갇혀 있어야 했죠.

폰 브라운의 열정이 대단하지 않나요? 이렇게 로켓에 대한 꿈을 키우던 폰 브라운은 18세가 되던 1930년에 베를린 공과대학에 입학했어요. 그리고 독일 우주비행협회에도 가입했어요. 우주비행협회는 회원만 500명에 달하는 세계 최초의 로켓 연구 동아리예요. 폰 브라운은 이 동아리에서 액체 연료 로켓에 대해 본격적으로 연구하기 시작했어요. 그리고 1931년 최초로 액체 연료 로켓을 만들었어요.

1932년 폰 브라운은 대학을 졸업했어요. 그런데 이즈음 독일은 커다란 혼란에 빠지고 있었어요. 바로 나치당이 독일을 장악하기 시작했어요. 나치당의 총통은 히틀러였어요. 히틀러는 1939년 제2차 세계대전을 일으켜 6년 동안 전 세계를 전쟁의 소용돌이에 빠트린 인물이죠.

독일 나치당은 폰 브라운의 로켓에 큰 관심을 가졌어요. 결국 폰 브라운은 나치에 협력하게 되었어요. 순수하게 우주로 로켓을 쏘아 올리는 것이 꿈이었지만 사람들을 죽거나 다치게 하는 무기를 연구하게 된 거죠.

<u>폰 브라운은 독일 육군 로켓 연구소</u>에서 A1 로켓을 개발했어요. A1은 길이 1.4m, 무게 150kg·중에 불과했지만, 최초의 현대식 액체 연료 로켓이에요. 폰 브라운은 A1을 만들 때 고다드가 개발한 기술을 사용했어요. 고다드의 허락을 받지는 않았어요. 폰 브라운은 나중에 "고다드의 액체 연료 실험은 우리에게 수년간의 작업 시간을 절약할 수 있게 했고, 로켓 개발을 몇 년 앞당길 수 있게 했다"라고 고백했어요. 제2차 세계대전이 끝난 후 고다드도 이 사실을 알게 되었죠. 물론 폰 브라운이 개발한 로켓은 고다드의 로켓보다 훨씬 뛰어난 성능을 가지고 있었어요.

그러나 A1 로켓은 발사 후 0.5초 만에 폭발하고 말았어요. 폰 브라운은 전쟁에 사용할 수 있는 로켓을 만들기 위해 더욱 노력해야 했죠. 안타깝게도 우주로 향하던 그의 꿈은 점점 전쟁터로 향하고 있었어요.

독일 우주비행협회. 오른쪽에서 두 번째가 폰 브라운

나치 지휘관들과 폰 브라운

독일이 만든 최초의 로켓 무기-V2

폰 브라운은 불과 22살에 베를린 대학교에서 물리학 박사 학위를 받았어요. 그리고 그해(1934년) A1 로켓을 개량한 새로운 로켓을 개발했어요. 이름은 A2 로켓이라고 붙였어요.

A2 로켓

A2 로켓은 3.5km까지 올라갔어요. 서울 잠실에 있는 롯데월드타워(555m)의 6배가 넘는 높이죠. 하지만 아직 무기로 사용할 정도는 아니었어요. 폰 브라운은 계속해서 로켓의 성능을 발전시켰어요. 그리고 드디어 전쟁에 사용할 수 있는 로켓을 개발했어요. 이 로켓이 바로 V2예요. V2 로켓은 제2차 세계대전이 한창 벌어지고 있던 1942년에 완성되었어요. 여기서 'V'는 '복수의 무기(Vergeltungswaffe)'라는 뜻이에요. 제1차 세계대전에서 패했던 독일이 연합국에 복수하겠다는 의미로 붙였어요. V2 로켓은 실제 전쟁에 사용된 최초의 현대식 로켓이었어요.

V2 로켓의 길이는 14m예요. 아파트 5층 높이 정도 되죠. 무게는 12,500kg·중으로 중형 승용차 8대를 합친 무게보다 더 무거워요. V2 로켓은 최고 174km까지 올라갔어요. 높이 100km 이상부터는 우주예요. 따라서 V2 로켓은 세계 최초로 우주에 나갔다가 돌아온 물체예요. V2 로켓은 발사 지점에서 322km나 떨어진 지점에 떨어졌어

V2 로켓

요. 322km는 서울에서 부산까지의 거리예요. 나치 독일은 전쟁터로부터 300km 이상 떨어진 지점에서 로켓을 쏘았어요. 그리고 V2 로켓은 무려 시속 2,880km의 속력으로 목표물에 떨어졌어요. 당시 기술로는 V2 로켓을 막을 수 없었어요.

V2 로켓은 제2차 세계대전에서 연합국에 큰 피해를 주었어요. 많은 사람을 죽거나 다치게 하고 건물들을 파괴했어요. 나치 독일군은 1944년 9월 파리를 향해 두 발의 V2 로켓을 발사했어요. 그리고 이것을 시작으로 유럽의 여러 나라를 향해 3,000발 이상의 V2 로켓을 쏘았어요.

유럽 국가 중에서 V2 로켓으로 가장 큰 피해를 본 나라는 벨기에와 영국이에요. 나치 독일군은 1944년 10월부터 그 이듬해 3월까지 벨기에 앤트워프에 1,610발, 런던에 1,358발의 V2 로켓을 쐈어요. 이로 인해 앤트워프에서 1,736명, 런던에서 2,754명이 사망했어요.

그런데 이보다 더 큰 피해가 발생한 곳은 독일 페네뮌데(Peenemünde)에 있는 로켓 공장이었어요. 독일은 점령지인 프랑스, 폴란드, 네덜란드의 많은 시민을 독일로 끌고 왔어요. 그리고 이들과 수용소에 갇혀 있던 유대인들을 동원해 로켓을 만들었어요. 로켓 공장의 환경은 좋지 않았어요. 로켓 공장의 노동자들은 병에 걸리거나 감독관에게 고문을 당했어요. 이로 인해 2만 명 이상이 공장에서 숨졌어요. 로켓의 폭격으로 죽은 사람보다 로켓을 만들다가 죽은 사람이 더 많았어요.

V2 로켓을 만드는 공장의 최고 책임자는 폰 브라운이었어요. 전쟁 무기를 만드는 것은 원래 그의 꿈이 아니었다고 할 수도 있어요. 하지만 그로 인해 수많은 사람이 죽거나 다쳤어요. 그리고 나치 독일에 협력했다는 사실도 부인할 수 없었어요. 전쟁이 끝난 후에 그는 큰 비난을 받게 돼요.

우주로 로켓을 날려 보내려던 그의 꿈과 반대로 다른 나라로 로켓을 쏘아 보낼 수밖에 없었던 현실에 대해 폰 브라운은 이렇게 이야기했어요.

V2 로켓의 폭격으로 파괴된 런던

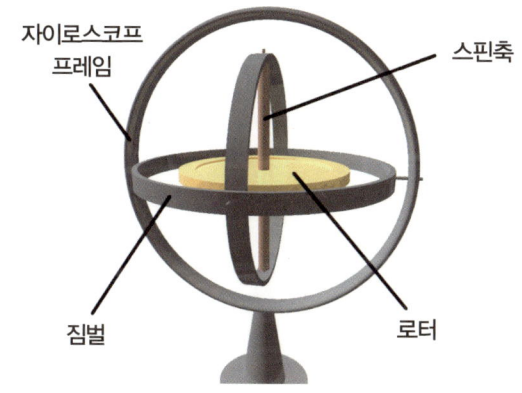

자이로스코프

"V2 로켓은 완벽하게 작동했어요. 비록 원하지 않던 곳에 떨어졌지만."

기술적인 면에서 V2 로켓은 당시 다른 어떤 나라도 따라 올 수 없었어요. V2 로켓에는 자이로스코프 장치가 있었어요. 자이로스코프는 로켓이 날아가는 동안 균형을 잃지 않고 안정적으로 날 수 있도록 하는 장치예요.

그리고 V2 로켓에는 아날로그 컴퓨터도 들어 있었어요. 아날로그 컴퓨터는 시간을 설정할 수 있는 기능이 있었어요. 그래서 로켓이 목표 지점 상공에 도달하면 엔진이 스스로 꺼져서 목표물에 떨어지도록 했죠. 그리고 나중에는 지상에서 무선으로 로켓을 조종하여 목표 지점에 떨어트리는 유도 기술까지 개발했어요.

아마 나치 독일이 조금 더 일찍 V2 로켓을 개발했다면 전쟁에서 승리했을지도 몰라요. 그랬다면 아마 세계 지도가 지금과 많이 달라졌겠죠? 다행히 미국, 영국, 소련을 포함한 연합국이 승리하면서 제2차 세계대전이 끝났어요. 이때 우리나라도 일본으로부터 독립했죠. 그렇다면 폰 브라운과 V2 로켓의 운명은 어떻게 되었을까요?

현대 로켓은 어떻게 발전해 왔을까?

폰 브라운과 V2 로켓의 운명

연합국은 제2차 세계대전에서 승리하기는 했지만, V2 로켓의 위력에 놀랐어요. 수백 km 밖에서 적을 공격할 수 있는 무기는 당연히 매력적일 수밖에 없었겠죠. 전쟁은 끝났지만, 연합국들 사이에 새로운 전쟁이 시작되었어요. 바로 로켓을 먼저 차지하려는 전쟁이었죠. 가장 먼저 달려든 나라는 미국과 소련이었어요. 미국과 소련이 눈독을 들인 건 로켓을 개발한 과학자들과 독일의 로켓 공장에 남아 있는 V2 로켓과 부품들이었어요. 과학자 중에서 가장 중요한 사람은 당연히 폰 브라운이었죠. 폰 브라운은 어떻게 되었을까요?

폰 브라운은 처형될 위기에 몰렸어요. 나치 독일은 1945년 5월 소련과의 전투에서

미국에 항복한 폰 브라운(팔에 깁스한 사람)

지면서 결국 연합국에 항복했어요. 그리고 로켓을 개발하던 과학자들을 처형하려고 했죠. 로켓 기술이 적국에 넘어가는 것을 막으려고 한 거예요. 폰 브라운도 당연히 처형 대상이었어요. 그러나 폰 브라운은 처형 직전 독일군의 감시를 뚫고 극적으로 탈출했어요. 그리고 독일에 있던 미군 기지를 찾아가 항복했어요.

미국은 폰 브라운과 독일 로켓 과학자 백여 명을 미국으로 데리고 갔어요. 그뿐만 아니라 독일 공장에 남아 있던 많은 로켓 부품들도 미국으로 싣고 갔죠. 미국이 싣고 간 로켓 부품이 기차 300칸에 달했다고 해요. 미국보다 늦었지만 소련도 독일의 로켓 공장에서 많은 부품과 생산 설비를 소련으로 가지고 갔어요. 그리고 미국으로 가지 않은 독일의 로켓 과학자들도 끌고 갔어요. 본격적으로 두 나라의 로켓 전쟁이 시작된 거죠.

사실 V2 로켓에 관심을 기울인 나라는 미국과 소련만이 아니었어요. 제2차 세계대전이 끝나고 세계 여러 나라가 로켓 개발에 나섰어요. 그리고 거의 모든 나라가 모델로 삼은 것은 V2 로켓이었죠. 미국은 폰 브라운의 주도로 V2 로켓을 개량한 레드스톤, 주피터-C와 같은 로켓을 만들어 인공위성을 쏘아 올렸어요.

미국과 마찬가지로 독일의 로켓 공장에 남아 있던 로켓과 부품들을 가져간 소련은 V2 로켓과 비슷한 R-1 미사일을 만들었어요. 그리고 이를 점차 발전시켜 1957년 R-7 로켓을 개발해 인류 최초의 인공위성 스푸트니크를 쏘아 올렸죠.

레드스톤 로켓

주피터-C 로켓

    중국은 동맹관계였던 소련에서 수입한 R-2 로켓을 복제해 둥펑-1 미사일을 만들었어요. 중국은 둥펑 미사일을 개량하여 창정 로켓을 개발했고 창정 5호는 2020년 7월 탐사선 톈원 1호를 화성에 보냈어요. 마치 성경에 나오는 '아브라함은 이삭을 낳고 이삭은 야곱을 낳고 야곱은 유다와 그 형제들을 낳고…'를 연상시키죠. V2는 R-1을 낳고, R-1은 R-2를 낳고 R-2는 둥펑-1을 낳고 둥펑-1은 창정과 그 형제들을 낳고….

    이 밖에도 프랑스가 개발한 베로니크 로켓의 개발에도 독일 과학자들이 참여했고, 영국의 로켓 개발에도 V2 로켓이 영향을 미쳤어요. 이렇듯 로켓의 역사에서 V2 로켓과 폰 브라운을 빼놓을 수 없어요. 이제 V2 로켓이 왜 현대 로켓의 조상인지 이해가 되시나요?

R-1 로켓

R-7 로켓

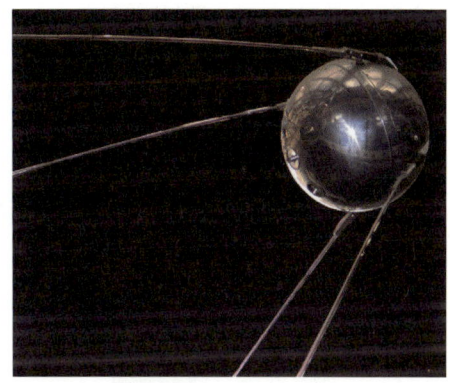
스푸트니크 1호

R-2 로켓

둥펑-1 로켓

창정 5호 로켓

베로니크 로켓

소련의 스푸트니크 1호와 미국의 망신

세르게이 코롤료프

로켓 전쟁에서 앞서 나간 나라는 소련이었어요. 미국 정부는 나치에 협력했던 폰 브라운에게 중요한 임무를 맡길 수 없었어요. 미국은 독일에서 가지고 온 V2 로켓의 부품을 조립하여 발사해보는 수준이었어요.

반면에 소련에는 세르게이 코롤료프라는 뛰어난 로켓 과학자가 있었어요. 코롤료프도 폰 브라운과 마찬가지로 어릴 때부터 우주와 로켓에 관심이 많았어요. 그리고 폰 브라운처럼 로켓 연구 동아리에서 활동했어요.

비행기 조종사였던 코롤료프는 비행기가 올라갈 수 있는 가장 높은 곳은 어디인지 궁금했어요. 그리고 그 너머로 가는 방법은 무엇일지 생각하게 되었죠. 결국 지구를 벗어나 우주로 가는 꿈을 꾸게 되었어요. 1933년 코롤료프는 소련 최초의 액체 연료 로켓 발사에 성공했어요. 로켓에 있어서 폰 브라운 못지않은 재능을 가지고 있었어요.

코롤료프는 제2차 세계대전이 끝나자 소련의 로켓 개발 최고 책임자로 임명되었어요. 그러나 소련 정부와 코롤료프의 생각은 달랐어요. 코롤료프는 로켓을 우주에 보내는 것이 꿈이었으나 소련 정부는 로켓을 무기로 사용하려고 했죠.

폰 브라운이 그랬듯이 코롤료프도 소련 정부를 이길 수 없었어요. 1957년 8월 코롤료프는 미국보다 먼저 대륙간 탄도 미사일(ICBM)을 개발했어요. R-7으로 불린 이 미사일은 세계 최초의 탄도 미사일이죠. R-7은 무려 7,000km를 날아갈 수 있었어요. 7,000km는 소련에서 미국까지 갈 수 있는 거리죠. 대륙을 넘어갈 수 있어서 대륙간 탄도 미사일이라고 해요.

R-7의 발사에 성공하자 코롤료프의 꿈을 이룰 기회가 찾아왔어요. 미국이 인공위성 발사 계획을 발표한 것이에요. 미국과의 경쟁에서 질 수 없었던 소련 정부도 인공위성 발사를 추진하죠. 결국 인공위성 발사 경쟁도 소련의 승리로 끝나요. 소련은 1957년

R7 로켓 기념 우표

스푸트니크 1호

비치볼

스푸트니크 2호

10월 4일. 인공위성 스푸트니크 1호를 발사하는 데 성공했어요.

물론 스푸트니크 1호의 발사를 주도한 것은 코롤료프였어요. 스푸트니크 1호는 지름 58cm, 무게는 84kg에 불과해요. 비치볼보다 조금 더 큰 정도죠. 하지만 스푸트니크 1호는 인류가 쏘아 올린 최초의 인공위성이에요.

미국은 충격에 빠졌어요. 미국보다 후진국이라고 생각했던 소련이 먼저 인공위성을 쏘아 올린 거죠. 그리고 소련이 인공위성을 쏘아 올릴 때까지 미국은 전혀 눈치채지 못했어요. 소련에 의해 최초의 인공위성이 발사되었다는 사실을 미국이 안 것은 스푸트니크 1호가 이미 지구를 두 바퀴나 돌고 난 이후였어요.

그러나 스푸트니크 1호의 발사는 시작에 불과했어요. 소련은 한 달 뒤인 11월 3일 스푸트니크 2호를 발사했어요. 미국은 아직 인공위성을 발사하지 못했는데 소련은 이미 두 개의 인공위성 발사에 성공한 것이죠. 그리고 스푸트니크 2호에는 라이카라 불리는 개가 타고 있었어요. 라이카는 지구에서 우주로 나간 최초의 생명체예요. 안타깝게 라이카는 지구로 다시 돌아오지 못했어요. 소련은 미국에 큰 충격을 주면서 초기 우주 개발을 주도해 나갔어요.

소련은 우주와 관련된 대부분의 '최초' 기록을 세웠어요. 최초의 우주인(1961년 4월, 유리 가가린), 최초의 여성 우주인(1963년 6월, 발렌티나 테레시코바), 최초의 우주유영(1965년 3월, 알렉세이 레오노프)은 모두 소련의 차지였어요.

유리 가가린

발렌티나 테레시코바

알렉세이 레오노프

라이카 기념 우표

　소련이 두 개의 인공위성 발사에 연속해서 성공하자 미국도 부랴부랴 인공위성을 발사하려고 했어요. 미국이 준비한 인공위성은 뱅가드 TV-3호였어요. 스푸트니크 2호가 라이카를 태우고 발사에 성공한 지 한 달이 지난 1957년 12월 6일. 미국은 구겨진 자존심을 만회하려고 인공위성 발사 장면을 전세계에 생중계하였어요. 그러나 인공위성을 싣고 발사된 뱅가드 로켓은 불과 1.2m를 상승하고 2초 만에 발사장에 그대로 주저앉고 말았어요. 뱅가드 로켓의 엄청난 폭발 장면이 전 세계에 생중계되면서 미국은 다시 큰 망신을 당했어요.

뱅가드 로켓 폭발

폰 브라운의 야심작 새턴 V 로켓의 탄생

결국 폰 브라운이 나설 수밖에 없었어요. 1958년 1월 31일 폰 브라운의 주도로 개발된 주피터-C 로켓은 인공위성 익스플로러 1호를 지구 궤도에 올렸어요. 미국 최초, 세계 3번째의 인공위성이죠.

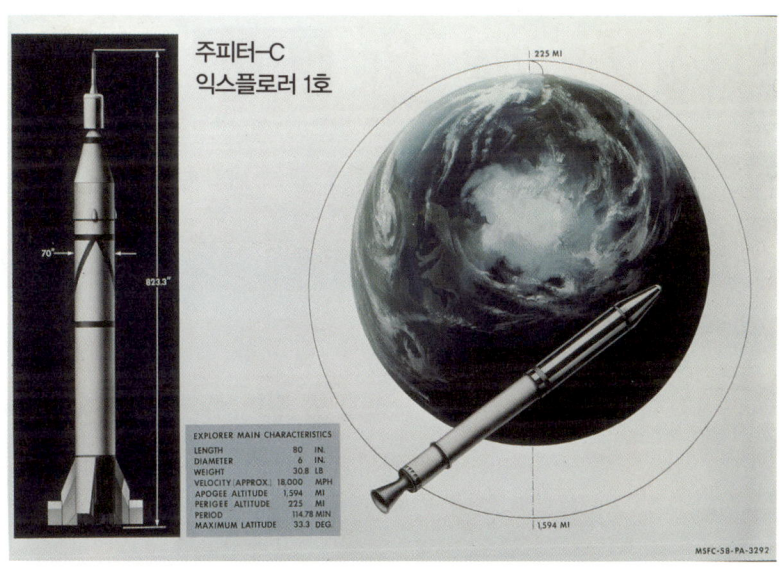

주피터-C 로켓과 인공위성 익스플로러 1호

미국은 소련과의 우주 개발 경쟁에서 계속 지고만 있을 수 없었어요. 미국은 미항공우주국(NASA)을 설립하고 본격적으로 우주 개발을 시작했죠. 그리고 소련에 빼앗긴 자존심을 회복할 수 있는 큰 계획을 세웠어요. 바로 달에 사람을 보내려는 아폴로 계획이죠. 하지만 이 계획은 너무 무모해 보였어요. 그때까지 미국은 달 탐사선은커녕 겨우 지구 주위를 돌 수 있는 우주선을 쏘아 올리는 수준이었죠.

물론 이것도 대단하지만, 소련에 비하면 한참 뒤처진 수준이었어요. 소련은 그 당시

1958년 10월 1일 설립된 나사의 루이스 연구 센터

이미 달에 무인 탐사선을 보내서 달을 탐사하고 달 표면에 충돌시켰어요. 그리고 지금까지 한 번도 본 적이 없던 달 뒷면을 촬영했어요(달은 자전과 공전 주기가 같아 항상 한쪽 면만 볼 수 있어요).

하지만 미국은 믿는 구석이 있었죠. 바로 폰 브라운이에요. 폰 브라운은 아폴로 계획을 추진하면서 그의 오랜 꿈에 한 발짝씩 다가갔어요. 아폴로 계획은 다른 어떤 우주 탐사 계획보다 어려운 계획이었어요. 달에 사람을 태운 탐사선을 착륙시킨 후 다시 지구로 돌아와야 하기 때문이죠. 당시는 지구에서 발사하는 로켓도 실패할 가능성이 큰 상황이었어요. 그런데 달에는 지구와 같은 발사 시설이 준비되어 있지 않아요. 그리고 한 번도 가보지 않았기 때문에 달의 환경을 정확히 알 수도 없었죠. 그런 곳에서 탐사선을 발사시켜 다시 지구로 무사히 돌아오는 것은 현재의 기술로도 쉽지 않아요.

아폴로 계획에서 가장 먼저 해야 할 일은 탐사선을 우주로 실어나를 로켓을 개발하

폰 브라운과 새턴 V 로켓

는 것이었어요. 로켓의 이름은 로마 신화에 나오는 부와 농업의 신 새턴으로 정했어요. 새턴은 주피터의 아버지죠. 폰 브라운이 개발한 주피터-C 로켓은 미국 최초의 인공위성 익스플로러 1호를 우주로 쏘았어요. 이제 새턴 로켓이 인류를 달에 보낼 차례였어요.

폰 브라운 1961년 첫 번째 새턴 로켓인 새턴 I의 개발에 성공했어요. 새턴 I은 높이 55m로 달까지 2,200kg의 화물을 실어나를 수 있었죠.

그리고 약 6년 뒤인 1967년. 드디어 사람이 탄 탐사선을 달에 보낼 새턴 V 로켓이 탄생했어요. 'V'는 로마자로 '5'를 의미해요. 그렇다고 새턴 V가 다섯 번째 로켓이라는 뜻은 아니에요. 엔진 5개를 묶어서 조립했다는 뜻이죠.

새턴 V 로켓은 당시까지 만들어진 로켓 중 가장 강력한 로켓이에요.

높이 110m(아파트 40층 높이)의 새턴 V 로켓은 43,500kg의 화물을 달까지 실어나를 수 있어요. 몸무게가 100kg·중인 사람 435명을 달까지 보낼 수 있다는 얘기죠. 새턴 V 로켓의 개발에는 현재 가치로 무려 60조 원 가까운 돈이 들어갔어요. 새턴 V 로켓이 개발되면서 미국은 드디어 소련에 역전할 수 있는 발판을 마련했어요.

미국의 극적인 역전과 새로운 도전

새턴 V 로켓의 개발이 끝나자 본격적인 달 탐사가 시작되었어요. 그리고 1968년 12월 세 명의 우주인을 태운 아폴로 8호가 새턴 V 로켓에 실려 발사되었어요. 아폴로 8호는 20시간 동안 달 주위를 10바퀴 돌고 지구로 돌아왔어요. 이들은 달에 접근한 최초의 사람들이에요. 아폴로 8호 우주인들은 최초로 지구 밖에서 지구의 모습을 사진에 담았어요. 수백만 년 동안 인류가 태어나서 살다가 묻힌 지구의 전체 모습을 이제야 볼 수 있게 된 거죠.

1969년 7월 16일 새턴 V 로켓에 실린 아폴로 11호가 나사의 케네디 우주센터에서 발사되었어요. 아폴로 11호에는 세 명의 우주인이 타고 있었죠. 아폴로 11호는 약 4일을 비행한 후 1969년 7월 20일 드디어 달 표면에 착륙했어요. 닐 암스트롱과 버즈 올드린은 2시간 31분 동안 달 위를 걸었어요(함께 갔던 콜린스는 사령선 컬럼비아호에 남아 달 주위를 돌고 있었어요). 이 장면은 전 세계에 생방송으로 중계되었죠.

아폴로 8호 발사

아폴로 8호에서 찍은 최초의 지구 사진

아폴로 11호를 실은 새턴 V 로켓의 발사

닐 암스트롱과 버즈 올드린은 임무를 마친 후 착륙선 이글호를 타고 무사히 달 표면에서 이륙했어요. 그리고 세 명의 우주인은 하와이에서 1,500km 떨어진 태평양으로 무사히 돌아왔어요.

최초로 인간을 달에 보내면서 미국은 소련과의 우주 경쟁에서 승리하게 되었어요. 미국인들은 극적인 역전에 환호했어요. 나사는 아폴로 11호부터 17호까지 여섯 번이나 유인 탐사선을 달에 보냈어요.(아폴로 13호는 사고로 달에 가지 못했어요.) 총 12명의 지구인이 달에 갔다가 돌아왔죠.

이로써 미국은 초반의 열세를 극복하고 우주 개발 경쟁을 주도하게 되었어요. 그러나 점차 사람들의 관심이 줄어들기 시작했어요. 목표를 달성하자 더는 흥미를 느끼지 않았어요. 나사도 달에 사람을 계속 보내는 것이 큰 의미가 없다고 생각하기 시작했어요. 가장 큰 문제는 너무 많은 돈이 드는 것이었어요. 아폴로 프로그램을 진행하는데 들어간 돈은 수십조 원 이상이었어요. 결국 1972년 12월 아폴로 17호가 달에 갔다 온 후 나머지 달 탐사 계획은 취소되었어요.

소련도 미국과 비슷한 시기에 달에 사람을 보내려는 계획을 세웠어요. 새턴 V에 버금가는 대형 로켓을 개발하기도 했죠. 그러나 개발된 로켓이 시험 발사과정에서 연이어 폭발했어요. 더욱이 달 탐사 계획을 주도했던 코롤료프가 수술 도중 사망하고 말았어요. 결국 소련은 유인 달 탐사 계획을 포기할 수밖에 없었어요.

착륙선 이글호 옆에 성조기를 꽂고 경례하는 버즈 올드린

마르스 3호 모형

　치열했던 경쟁이 끝나자 두 나라는 달을 넘어 더 넓은 우주로 눈을 돌렸어요. 소련은 1971년 마르스 3호를 화성에 착륙시키는 데 성공했어요. 마르스 3호는 최초로 행성에 착륙한 탐사선이 되었죠.

　미국은 1972년 파이어니어 10호를 발사했어요. 파이어니어 10호는 화성을 넘어 최초로 목성에 도달했어요. 파이어니어 10호는 목성에 13만km까지 접근하며 약 500장의 사진을 찍어서 지구로 전송했어요. 그 이듬해 발사된 파이어니어 11호는 목성을 넘어 토성을 최초로 탐사했어요.

　목성과 토성 탐사에 성공한 미국은 새로운 도전을 시작했어요. 태양계 바깥으로 눈을 돌린 거예요. 1977년 태양계 밖의 우주를 탐사하기 위해 보이저 1, 2호를 발사했어요. 보이저 1호는 파이어니어호가 지나간 길을 따라 목성과 토성을 탐사했어요. 그리고 2013년 9월 태양계를 벗어났어요. 보이저 2호도 최초로 천왕성과 해왕성을 탐사한

보이저 1호 상상도 　　　　　　　　　　　　　보이저 2호가 찍은 해왕성

후 2018년 태양계를 벗어났죠. 보이저 1호는 인간이 만든 물체 중 가장 멀리 간 물체예요. 보이저 1호는 2023년 2월 8일 현재 지구에서 238억 4,400만km나 멀어졌어요(시속 900km의 비행기로 쉬지 않고 날아가도 3,000년 이상이 걸리는 거리예요). 그러나 여전히 우주 공간을 날아가고 있죠. 보이저 1호와 2호는 어디까지 갈까요?

새로운 형태의 탐사선 등장

1980년대에 접어들면서 새로운 형태의 유인 탐사선이 등장했어요. 바로 우주왕복선이죠. 우주왕복선은 최초의 재사용 가능한 우주선이에요. 발사과정은 기존의 로켓 발사와 비슷했어요. 하지만 돌아올 때는 비행기처럼 활주로에 착륙할 수 있었어요. 이전의 우주선은 대부분 일회용으로 다시 사용하는 것이 불가능했죠. 그리고 지구로 돌아올 때 우주비행사들이 탄 작은 우주선이 낙하산을 펼친 채 바다로 떨어졌어요. 우주왕복선의 모양은 비행기와 비슷해요. 그러나 비행기처럼 활주로에서 이륙할 수는 없어요.

지구로 돌아온 아폴로 11호 사령선 컬럼비아호

아주 빠른 속도로 발사되지 않으면 지구의 중력을 이길 수 없기 때문이에요. 그래서 로켓처럼 우주왕복선을 수직으로 세워서 발사했어요.

　우주왕복선은 중형 승용차 50대를 합친 것보다 더 무거워요. 우주왕복선을 수직으로 들어 올리기 위해서는 많은 연료가 필요하죠. 그래서 외부 연료 탱크(주황색 원통)를 달았어요. 외부 연료 탱크에는 액체 수소(연료)와 액체 산소(산화제)가 들어 있죠. 외부 연료 탱크에 들어 있는 액체 수소와 액체 산소를 모두 합치면 올림픽 경기에 사용되는 수영장을 83%나 채울 수 있을 정도로 많아요.

　그런데 외부 연료 탱크에 연료를 모두 채우면 무게가 다시 증가해요. 그래서 외부 연료 탱크 옆에 고체 연료를 넣은 부스터를 추가로 달았어요. 우주왕복선이 발사되면 2분 만에 고체 연료를 모두 태워요. 고체 연료가 모두 타면 부스터는 분리되죠. 그리고 8

우주왕복선

허블 우주 망원경을 지구 궤도에 올리고 있는 우주왕복선 디스커버리호

분 30초가 되면 외부 연료 탱크 안의 액체 연료도 모두 연소해요. 외부 연료 탱크도 분리되죠. 우주왕복선은 가벼워진 몸으로 우주에 나가게 돼요. 그리고 임무를 마치면 다시 지구로 진입해 활주로에 착륙했어요.

1981년 처음 발사된 우주왕복선은 다양한 임무를 수행했어요. 위성을 지구 궤도에 올리기도 하고 국제우주정거장에 우주인들을 데려다주기도 했어요. 그러나 발사 비용이 너무 많이 들었어요. 한번 발사할 때마다 약 5,000억 원이 들었어요. 그리고 두 번의 큰 사고가 발생하기도 했어요. 결국 2011년 135번째 발사를 끝으로 우주왕복선 프로그램은 끝났어요.

21세기에 접어들면서 우주 개발에 민간 기업이 참여하기 시작했어요. 물론 미국과 같은 일부 국가의 얘기지만 이전까지 국가가 통제하던 방식에서 벗어나 민간 기업이 로켓을 쏘기 시작한 거죠. 대표적인 기업이 2002년 설립된 스페이스X예요.

2008년 9월 스페이스X가 최초로 발사에 성공한 팰컨1 로켓

우리나라 최초의 달 탐사선 다누리호

스페이스X는 현재 가장 활발하게 활동하는 우주 기업이에요. 나사를 대신해 화물과 우주인을 국제우주정거장에 실어나르죠. 그리고 다른 나라의 위성이나 탐사선을 발사해주기도 해요. 우리나라 최초의 달 탐사선 다누리호도 2022년 8월 스페이스X의 팰컨9 로켓에 실어 발사했죠.

팰컨9는 재사용이 가능한 최초의 로켓이에요. 지금까지는 발사한 후 로켓을 모두 버렸어요. 그러나 팰컨9는 발사 후 1단 로켓을 다시 지상에 착륙시켜 재사용할 수 있어요. 2023년 1월 기준으로 팰컨9 1단 로켓은 이미 130회 이상 재사용되었어요. 이렇게 하면 발사 비용을 절반 가까이 줄일 수 있어요.

2020년대에 들어서면서 상업 우주 관광도 시작되었어요. 이전까지는 우주탐사라는 임무를 수행하기 위해 우주에 갔지만 이제 여행으로 우주에 가는 시대가 온 거죠. 2021년 7월 미국의 우주 기업 블루 오리진은 4명의 민간인을 태운 우주 캡슐을 발사했어요. 우주 캡슐은 고도 100km에 도달한 후 지구로 돌아왔어요. 그리고 2021년 9월에는 전문 우주비행사의 탑승 없이 순수 민간인 4명만을 태운 스페이스X의 인스피레이션 4호가 고도 585km까지 올라간 후 지구로 돌아왔어요.

팰컨9 재사용

우리도 곧 우주에 갈 수 있을 것 같지만 아직은 쉽지 않아요. 비용도 많이 들고 출발 전에 많은 준비도 필요하죠. 그러나 가장 큰 문제는 안전의 문제예요. 인스피레이션 4호는 발사 후 3분도 되지 않아 시속 6,700km로 가속되었어요. 이렇게 빠른 속도로 우주를 여행하는 것은 안전할까요?

블루 오리진 우주 여행

인스피레이션 4의 발사 모습

로켓을 타는 것은 안전할까?

매콜리프가 탄 마지막 우주왕복선 챌린저호

1986년 1월 28일 오전 38분. 매콜리프 선생님이 탑승한 챌린저호는 발사 후 40초 만에 음속(시속 1,224km)을 돌파했어요. 높이는 지상에서 5,800m 지점을 지났어요. 이때까지 모든 것은 정상이었어요. 아무도 챌린저호의 성공적인 발사를 의심하지 않았죠. 곧이어 챌린저호의 고도는 10,000m를 넘었어요. 속도는 음속의 1.5배가 되었어요. 1초에 500m를 날아는 빠르기죠. 지상 통제 센터는 발사 후 68초가 되자 챌린저호의 출력을 최대로 올리도록 지시했어요.

리처드 코비(지상 통제 센터 요원) : 챌린저호, 출력 최대로 올리세요.*

딕 스코비(챌린저호 사령관) : 알겠습니다. 출력 최대로!**

그러나 이 대화가 마지막이었어요. 두 사람의 대화가 끝난 지 불과 3초가 지났을 때였어요, 조종사 마이크 스미스가 "어~오…"*** 라는 짧은 신음을 냈어요. 그리고 챌린저호는 14,600m 상공에서 갑자기 거대한 불꽃에 휩싸이며 폭발하고 말았어요. 발사 후 73초 만이었어요.

관람석에서 발사 장면을 지켜보던 가족들은 혼란에 빠졌어요. 챌린저호가 너무 먼 곳에서 폭발했기 때문에 이것이 정상적인 과정인지 사고인지 바로 알 수가 없었어요. 정상적인 발사에서도 2분이 지나면 고체 연료 부스터가 분리되기 때문이죠. 그러나 텔레비전 중계 방송을 지켜보던 시청자들과 나사의 지상 통제 센터 요원들은 한순간 아무 말도 할 수 없었어요. 텔레비전 화면을 통해 챌린저호의 폭발 장면이 생생하게 전달되었기 때문이죠,

곧이어 관람석에서 혼란스러워하던 가족들도 챌린저호의 폭발 사실을 알게 되었어요. 스피커를 통해 "챌린저호가 폭발했습니다"라는 방송이 나왔어요. 가족들이 받은 충격은 이루 말할 수 없었어요.

그동안 우주 탐사 과정에서는 여러 번의 사고가 있었어요. 우주비행사들이 죽거나 다치기도 했죠. 그러나 챌린저호처럼 발사과정에서 한꺼번에 7명의 우주비행사를 잃어버리는 대참사는 처음이었어요. 더욱이 발사 장면은 전세계로 중계되고 있었죠. 그리고 폭발 직전까지 어떤 문제점도 발견하지 못했기 때문에 충격은 더 컸어요.

* Challenger, go at throttle up(조종석 음성 녹음 기록 장치에 녹음된 내용)
** Roger, go at throttle up(조종석 음성 녹음 기록 장치에 녹음된 내용)
*** Uh-oh…(조종석 음성 녹음 기록 장치에 녹음된 내용)

고도 14km에서 폭발한 챌린저호

충격에 빠진 매콜리프의 가족들

챌린저호 폭발 후 충격을 받은 비행 감독관

    챌린저호는 산산이 부서진 채 대서양으로 하나둘씩 떨어졌어요. 불과 몇 초 전 우주를 향해 치솟던 맹렬한 기세와 달리 긴 연기 꼬리를 달고 소리 없이 바다로 천천히 추락하고 있었어요. 나사는 폭발이 일어난 상공의 아래쪽 바다에 구조선을 보냈어요. 그러나 1시간가량 접근할 수 없었어요. 챌린저호의 파편이 계속 떨어지고 있었기 때문이죠.

    챌린저호의 파편을 찾기 위해 12대의 비행기와 24척의 배가 투입되었어요. 그리고 잠수함과 음파 탐지기로 해저를 수색했어요. 수색 작업을 펼친 면적은 서울시 면적의

2.7배나 되었어요. 수색 작업은 7개월 동안이나 진행되었어요. 그러나 수색 작업이 끝나고 10년이 지난 뒤에도 부근 해변에서 챌린저호 파편이 발견되었어요.

챌린저호 승무원이 탔던 조종실은 사고 후 38일이 지나서야 찾을 수 있었어요. 해저 30m에서 발견되었죠. 조사 결과 승무원 중 3명은 폭발 후에도 살아 있었어요. 그리고 바다로 떨어지면서 숨진 것 같았어요.

챌린저호의 폭발과 함께 매콜리프 선생님이 오랫동안 준비했던 우주 수업도 대서양의 깊은 바다로 가라앉고 말았어요. 매콜리프 선생님은 뉴햄프셔주 콩코드로 돌아갔어요. 그리고 그곳에 묻혔어요.

챌린저호 승무원 장례식에 참석한 레이건 대통령

챌린저호의 사고 원인

챌린저호는 왜 폭발했을까요? 챌린저호가 폭발한 원인은 안타깝게도 작은 부품 하나 때문이었어요. 우주왕복선을 발사할 때 큰 힘을 내기 위해 사용하는 고체 연료 부스터로부터 문제는 시작되었어요. 고체 연료 부스터는 하나의 원통으로 만들어진 것이 아니었어요. 4개의 원통을 이어 붙인 거죠. 이때 각 원통을 연결할 때 연결 부분에 틈이 생겨요. 그래서 O-링이라고 하는 고무링을 사용해서 틈을 메웠어요. O-링의 두께는 불과 6.4mm였어요.

그런데 O-링은 고무로 만들었기 때문에 날씨가 추워지면 쪼그라들어요. 우주왕복선을 발사하는 미국 플로리다의 1월 평균 온도는 20℃이에요. 겨울에도 오렌지를 재배할 정도로 따뜻한 곳이죠. 그런데 챌린저호 발사 예정일인 1986년 1월 28일의 아침 온도는 영상 2℃에 불과했어요. 더욱이 전날 밤은 영하 8℃까지 온도가 내려갔어요. 이날은 우주왕복선 발사일 중 가장 추웠어요.

주황색 외부 연료 탱크에 붙어 있는 고체 연료 부스터

추운 날씨로 고체 연료 부스터의 틈을 메우던 O-링이 쪼그라들었어요. 이로 인해 부스터의 원통 사이에 틈이 생기고 말았죠. 이 상태에서 챌린저호는 발사되었어요.

결국 고체 연료가 타면서 생긴 불꽃이 쪼그라든 O-링 틈 사이로 새어 나왔어요. 불꽃은 고체 연료 부스터와 외부 연료 탱크의 연결 부분을 녹였어요. 곧이어 고체 연료 부스터의 아래쪽이 외부 연료 탱크에서 떨어졌어요. 그리고 고체 연료 부스터가 외부 연료 탱크를 치면서 아래쪽에 구멍을 냈어요. 이 구멍 사이로 액체 질소가 뿜어져 나왔어요. 이어서 외부 연료 탱크 윗부분에도 구멍이 생기면서 액체 산소도 새어 나왔죠.

그리고 타는 물질인 액체 수소와 타도록 도와주는 액체 산소가 한꺼번에 만났어요. 결국 타는 물질인 숯과 타도록 도와주는 염초가 만났을 때처럼 격렬한 폭발이 일어났어요. 이 모든 과정은 발사 후 불과 73초 만에 진행되었죠.

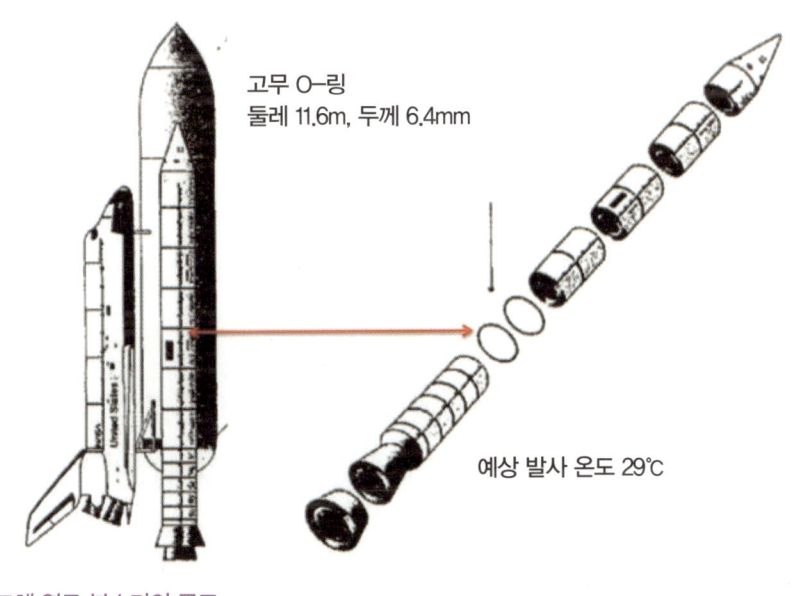

고체 연료 부스터의 구조

O-링을 제외한 챌린저호의 다른 부분은 모두 정상이었어요. 챌린저호가 발사된 후 폭발하기까지 지상 통제 센터에서는 O-링의 문제를 알아채지 못했어요. 우주왕복선의 엔진을 비롯한 모든 부분이 정상이었기 때문에 지상 통제 센터는 출력을 최대로 높이도록 지시했죠.

두께 6.4mm에 불과한 고무링이 일으킨 문제로 나사는 큰 대가를 치러야 했어요. 천문학적 비용이 들어간 우주왕복선을 공중에서 한순간에 날려버렸어요. 그리고 돈으로 가치를 따질 수 없는 유능한 7명의 우주비행사도 목숨을 잃었어요.

이 사고로 우주왕복선 프로그램은 중지되었다가 사고 후 2년 8개월이 지나서야 다시 시작되었어요. 하지만 챌린저호 사고는 O-링이 아니더라도 발사과정에서 언제든지 생길 수 있는 문제예요. 80톤이 넘는 우주왕복선을 들어 올리려면 큰 추진력이 필요하죠. 그래서 많은 연료를 한꺼번에 태울 수밖에 없어요.

우주왕복선은 엄청난 양의 액체와 고체 연료를 짧은 시간에 모두 태워요. 그리고 아주 짧은 시간에 큰 속도를 얻게 되죠. 이 과정에서 O-링과 같은 아주 작은 부품의 문제나 사소한 실수로도 큰 폭발을 일으킬 수 있어요.

목숨을 담보로 한 위험한 발사

로켓의 발사과정에서 생긴 사고는 챌린저호 이전에도 여러 차례 있었어요. 1970년 4월 달 탐사에 나선 3명의 우주비행사를 싣고 아폴로 13호가 발사되었어요. 그런데 발사과정에서 2단 로켓의 엔진 5개 중 중앙 엔진이 예정된 연소 시간보다 2분이나 일찍 꺼져버렸어요. 이로 인해 달 탐사 계획이 실패로 돌아갈 위기에 처했지만, 2단 로켓과 3단 로켓의 엔진을 예정보다 더 오래 연소시켜 위기를 극복했죠. 그러나 아폴로 13호는 산소 탱크가 폭발하면서 결국 달 탐사에 실패했어요. 다행히 3명의 우주비행사는 무사히 지구로 돌아왔어요.

소유즈호도 비슷한 일이 있었어요. 1975년 4월 발사된 소유즈호는 발사 후 2단계 로켓이 분리되지 않았어요. 소유즈호는 지구로 추락했어요. 소유즈호는 긴급히 재진입 시스템을 작동해 비상착륙했어요. 이 과정에서 절벽 아래로 떨어질 뻔했지만, 가까스로 멈췄어요. 승무원들은 다행히 살았지만 급격한 가속으로 엄청난 충격을 받았죠. 결국 사령관 라자레프는 우주비행사를 그만두고 말았어요.

발사과정의 사고는 챌린저호 사고 이후에도 이어지고 있어요. 1996년 위성을 탑재한 중국의 창정 3호 로켓이 발사 후 22초 만에 추락하면서 인근 마을을 덮쳤어요. 중국 정부는 이 사고로 6명이 죽고 57명이 다쳤다고 발표했어요. 그리고 마을의 주택 80채가 부서졌죠. 2002년 10월에는 소유즈호가 발사 29초 만에 폭발하면서 1명이 사망하고 8

챌린저호 사고 이후 2년 8개월 만에 다시 발사되는 디스커버리호

명이 다쳤어요. 그리고 파편이 인근 산에 떨어지면서 산불이 일어났어요. 2018년 10월에는 미국과 러시아 우주인을 태운 소유즈호(Soyuz FG)가 발사 123초 만에 추락했어요. 국제우주정거장에 가려던 두 우주인은 다행히 비상 탈출 시스템으로 탈출했어요. 원인은 센서가 잘못 작동했기 때문이에요.

로켓의 발사과정은 로켓 자체의 문제 외에도 기온, 바람, 번개 등과 같은 날씨에도 크게 영향을 받아요. 로켓은 계획된 날짜에 발사되기가 쉽지 않아요. 짧게는 몇 분에서 길게는 몇 개월씩 연기되기도 하죠. 나사는 아폴로 계획 이후 다시 달에 사람을 보내려는 아르테미스 계획을 진행하고 있어요. 이 계획에 의해 2022년 8월 29일 아르테미스 1호 로켓을 발사하려고 했지만, 연료 탱크에서 액체 수소가 새어 나와 발사를 두 차례 연기했어요. 그리고 9월 28일 발사하려고 했지만, 허리케인 때문에 다시 연기했어요. 그리고 허리케인으로 11월 12일 다시 한 차례 연기한 다음 11월 16일 발사에 성공했죠.

부서진 아폴로 13호 서비스 모듈   소유즈호

창정 3호 로켓 폭발 사고   Soyuz-FG

    발사과정에서 로켓이 안고 있는 문제가 해결되지 않는다면 비행기를 타고 해외여행을 가는 것처럼 우주여행이 쉬워지지는 않을 것 같아요. 그러나 문제는 로켓을 타고 우주에 가더라도 다시 들어오는 길은 출발할 때보다 더 위험할 수 있다는 데 있어요.

아르테미스 1호 발사

지구로 돌아오는 게 더 위험하다!

1984년 8월 우주비행사 마이클 멀레인은 디스커버리호를 타고 6일 동안 우주에 다녀왔어요. 그는 임무를 마치고 지구로 돌아오는 과정을 이렇게 얘기했어요.

"우주왕복선이 대기권으로 들어왔을 때 코끼리 한 마리가 어깨 위에 올라타고 있는 듯한 느낌을 받았어요."

우주에서 빠른 속도로 지구로 돌아오던 우주왕복선이 대기를 만나 속도가 크게 줄면서 반대 방향으로 큰 힘을 받았기 때문이죠. 마치 버스를 타고 가다가 급정거를 하면 몸이 앞으로 쏠리는 것과 같은 원리예요.

마이클 멀레인

우주에서 지구로 다시 돌아올 때는 상당한 주의를 기울여야 해요. 지구의 중력은 태양계 행성 중 네 번째로 커요. 그만큼 우주선을 끌어당기는 힘이 세다는 뜻이죠. 따라서 우주선은 빠른 속도로 지구를 향해 떨어지게 되죠.

우주선이 빠른 속도로 지구를 향해 내려오다 대기를 만나게 되면 대기로부터 큰 힘을 받아요. 그리고 이 힘을 견디지 못하면 우주선이 부서질 수도 있죠. 실제로 제2차 세계대전 때 런던을 향해 날아가던 V2 로켓 중 많은 수가 우주로 나갔다가 대기권으로 다시 들어오는 과정에서 파괴되었어요.

지구로 떨어지던 우주선이 대기를 만나 속도가 줄어드는 만큼 뜨거워지죠. 지구로 다시 들어올 때 우주왕복선의 표면 온도는 1,650℃까지 상승했어요. 그래서 표면에 열을 차단할 수 있는 단열재를 씌워요. 우주왕복선은 24,300개의 단열재를 표면에 붙였어요. 그래서 우주왕복선을 '날아가는 벽돌집'이라고 부르기도 했어요.

그런데 우주왕복선이 발사될 때 충격으로 단열재 일부가 떨어지는 일이 자주 있었어요. 단열재가 떨어진 부분은 지구로 다시 들어올 때 온도가 크게 올라서 폭발할 수 있어요. 그리고 2003년 1월 16일 발사된 우주왕복선 컬럼비아호에서 실제로 이런 일이 생기고 말았어요.

오전 10시 39분에 컬럼비아호는 케네디 우주센터에서 발사되었어요. 컬럼비아호는 별다른 문제 없이 우주로 나갔어요. 그러나 발사과정의 영상을 검토하던 나사 관계자는 우려할만한 문제를 발견했어요. 발사 후 81초쯤 외부 탱크 표면에서 단열재 조각이 떨어져 나오는 모습을 발견한 거예요. 단열재의 크기는 서류가방 정도 되는 크기였어요.

우주왕복선 단열 타일

떨어져 나온 단열재 조각은 컬럼비아호의 왼쪽 날개에 부딪혔어요. 이 충격으로 왼쪽 날개 부분의 단열재가 약 40cm 정도 떨어져 나가고 말았어요. 문제는 이 부분이 지구로 다시 들어올 때 가장 뜨거워지는 부분이었어요. 그리고 더 큰 문제는 컬럼비아호가 이미 우주로 나갔기 때문에 수리를 할 수 있는 방법이 없다는 것이었죠.

컬럼비아호는 보름간의 임무를 마쳤어요. 그리고 2003년 2월 1일 오전 8시 44분 예정대로 대기권에 재진입하기 시작했어요. 모든 것은 운명에 맡길 수밖에 없었어요. 그러나 우려한 대로 단열재가 떨어져 나간 부분의 온도가 올라가기 시작했어요. 결국 온도는 2,700도까지 올라갔어요.

단열재가 떨어진 상태에서 지구 대기권으로 진입하는 것은 화약을 불에 던지는 것이나 마찬가지였어요. 대기권에 진입한 지 9분 만에 컬럼비아호에서 파편이 떨어져 나오기 시작했어요. 그리고 41분 만에 앞부분과 뒷부분이 완전히 분리되면서 폭발하고 말았어요. 챌린저호에 이어 7명의 우주비행사가 다시 희생되었어요. 그리고 우주왕복선 프로그램도 2년 5개월 동안 중단되었죠. 이 사고 역시 너무 빠른 속도가 원인이라고 볼 수 있어요. 우주선은 보통 시속 28,000km의 속도(1초에 약 7,800m를 날아가는 속도예요)로 대기권에 재진입해요. 이 과정에서 많은 열이 발생해요. 우주선 온도가 수 천도로 올라가죠. 그래서 단열재가 꼭 필요해요. 만약 단열재가 아주 작은 조각이라도 떨어져 나간다면 우주선은 아주 위험한 상태에 빠질 수 있어요. 현재와 같이 로켓을 타고 우주에 가는 방식이 계속된다면 언제든지 발생할 수 있는 사고예요.

컬럼비아호 발사

위쪽 동그라미 부분의 단열재가 떨어져 나와 아래쪽 동그라미 부분을 때렸다.

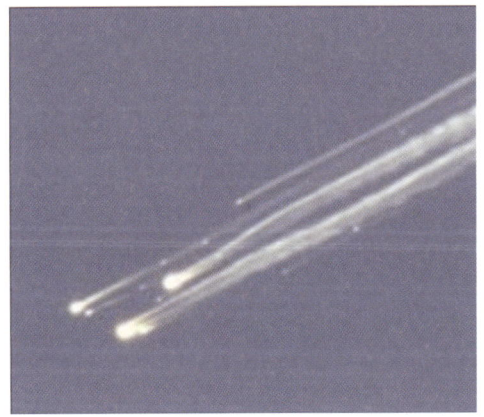
댈러스에서 찍힌 디스커버리호 파편

컬럼비아호 우주비행사들

끊임없이 발생하는 착륙 과정의 사고

컬럼비아호 사고는 교실의 책상보다 작은 부분의 손상으로 학교 건물만큼 큰 몸체가 파괴된 사건이에요. 만약 속도가 아주 낮아서 온도가 올라가지 않았다면 컬럼비아호는 무사히 착륙할 수 있었을 거예요. 7명의 승무원도 잃지 않았겠죠.

블라디미르 코마로프 기념 우표

이소연

컬럼비아호 사고는 우주선이 지구로 돌아오는 과정에서 발생한 가장 안타까운 사고였지만 이외에도 착륙과정의 사고는 끊임없이 발생했어요. 1967년 소유즈 1호를 타고 우주에 갔던 소련의 블라디미르 코마로프는 지구에 착륙하는 도중 낙하산이 펴지지 않았어요. 코마로프가 타고 있던 캡슐은 시속 100km 이상의 속도로 땅에 떨어졌어요. 결국 그는 사망했어요. 코마로프는 우주선 안에서 사망한 최초의 우주비행사로 기록되었어요.

2003년 3월 국제우주정거장에서 지구로 돌아오던 미국 우주비행사 돈 페티트도 타고 있던 캡슐이 예상보다 빠른 속도로 땅에 떨어지는 바람에 어깨를 다쳐 헬리콥터를 타고 바로 병원으로 가야 했죠.

우리나라 최초의 우주인으로 알려진 이소연도 비슷한 사고를 당했어요. 2008년 4월 이소연이 탄 소유즈호의 캡슐이 착륙하려던 곳보다 서쪽으로 420km나 떨어진 초원 지대에 착륙했어요. 캡슐은 지나치게 빠른 속도로 착륙해 땅에 30cm 정도 박혔어요. 그리고 주변 초원에 불이 났어요. 이 사고로 이소연은 목과 허리를 다쳐 우리나라로 돌아온 후 병원에 입원해야 했어요.

사고가 나지 않더라도 지구로 돌아오는 과정은 꽤 고통스러워요. 우주선이 빠른 속도로 가속되는 바람에 뇌에서 피가 빠져나와 정신을 잃을 수도 있어요. 이런 일을 막기 위해 우주비행사들은 지구로 돌아올 때 항관성복(몸이 지구 쪽으로 쏠리는 힘을 견디는 우주복)이라는 특수 우주복을 입어요.

우주비행사 주디스 레스닉(안타깝게도 1986년 챌린저호 사고 때 크리스타 매콜리프와 함께 사망했어요)

임무를 마치고 지구로 돌아오는 우주인들

은 챌린저호를 타기 전에 디스커버리호를 타고 우주에 갔어요. 그리고 지구로 돌아올 때 특수 우주복을 입지 않았다가 착륙 후에 얼굴이 하얗게 질리고 비지땀을 흘리면서 한동안 자리에서 일어날 수 없었어요. 몇 개월간 훈련을 받은 전문 우주비행사에게도 지구로 돌아오는 일은 힘든 일이죠.

그리고 우주로 나가는 것보다 지구로 돌아오는 길은 훨씬 더 지루하고 긴 여정이에요. 2022년 10월 14일 국제우주정거장에서 약 6개월간 임무를 수행한 우주인 4명이 스페이스X의 우주선을 타고 지구로 돌아왔어요. 그들이 머물렀던 국제우주정거장의 높이는 대략 400km예요. 그들이 국제우주정거장을 출발해 미국 플로리다의 대서양 바다에 떨어질 때까지 4시간 50분이 걸렸어요. 그들은 이 시간 동안 좁은 캡슐에 몸을 묶고 있어야 했어요. 그들이 지구를 떠날 때는 불과 10여 분만에 고도 200km에 도달했었죠.

우주선을 타고 지구로 돌아오는 일은 놀이공원에서 자이로드롭을 타고 땅에 도착하는 것과 많이 달라요. 자칫 잘못하면 밤하늘의 유성과 같은 운명이 될 수도 있어요.

그리고 로켓을 발사할 때 여러 가지 조건을 살펴보는 것처럼 돌아올 때도 다양한 조건을 검토해야 하죠. 우주비행사가 탄 캡슐이 착륙할 바다의 파도 높이와 바람의 속도, 번개, 시야 확보 등을 검토해야 해요. 그리고 안전하게 착륙할 수 있다는 결정이 내려지면 지구로 출발해요. 생각보다 까다롭죠.

로켓을 타고 우주로 나갔다가 돌아오는 과정은 생각보다 안전하지 않아요. 우리가 일상생활에서 경험할 수 없는 빠른 속도에 몸을 맡겨야 하죠. 그리고 문제가 생겨도 이를 해결할 시간이 충분히 주어지지 않아요. 앞에서 살펴본 것처럼 얇은 고무링이나 작은 단열재 때문에 우주선이 폭발하고 사람이 죽을 수 있어요. 속도가 빠르지 않았다면 생기지 않았을 사고였죠.

우리가 지구에서 여행을 가듯이 좀 더 편안하게 우주여행을 하기 위해서는 로켓보다 더 안전한 장치가 필요해요. 출발할 때와 돌아올 때 목숨을 내놓을 걱정을 하지도 않아도 되는 안전한 장치는 무엇일까요? 이제 로켓을 대신하여 우리를 안전하게 우주로 보내줄 장치를 소개할게요.

2장. 우주로 가는 또 다른 방법

2장

우주로 가는 또 다른 방법
- 우주엘리베이터

우주열차에이터, 이제 탑승을 시작합니다

드디어 우주엘리베이터가 완성됐어요!

오늘은 아주 특별한 날이죠. 지구 역사에도 기록될 날이라고 뉴스에서 말했어요. 그리고 인터넷이 온통 이 얘기로 가득찼어요. 바로 우주엘리베이터가 완성된 날이에요.

"1903년 라이트 형제는 가솔린 기관을 달고 고작 12초 동안 최초로 하늘을 날았습니다." 영상에 등장하는 우주엘리베이터 회사 대표는 이렇게 옛날이야기로 경축사를 시작했어요. 그리고 조금 지루한 역사 이야기를 이어갔죠.

확실히 대단한 날이긴 한가 봐요. 영상에는 많은 나라의 대통령들이 와서 우주엘리베이터가 가동되는 것을 지켜보고 있어요. 또 수많은 사람이 멀리까지 와서 개통식을 직접 보고 인터넷으로도 실시간으로 보여주니 말이죠.

"300여 년 전 처음 비행기를 만들던 우리는 드디어 지구를 떠나는 또 하나의 방법을 얻었고 이제 더 쉽게 우주로 나아갈 것입니다." 마지막 말이 끝나기가 무섭게 사람들이 환호성을 지르고 우주엘리베이터가 첫 운행을 시작했어요. 이 광경을 지켜보는 건설 회사 관계자들의 눈에는 눈물이 가득해요.

우주엘리베이터는 거의 200년이 걸려서 완공한 지구 최대의 건물이라고 해요. 처음 아이디어를 내놨을 때는 모두 불가능 할 것이라고 했어요. 비행기처럼요. 하지만 비행기가 처음 아이디어를 내놓고 50년 만에 운항을 시작한 것처럼 과학자들은 언젠가는 우주엘리베이터도 성공적으로 만들어질 것이라고 굳게 믿었죠.

이제 우주로 가기 위해 불꽃을 뿜어내며 언제 폭발할지 모르는 위험한 로켓을 타고 가는 일은 없어요. 편리하고 손쉽게 엘리베이터를 타듯이 우주로 갈 수 있는 날이 온 것이죠. 뉴스에서는 이제 새로운 시대가 열렸다고 난리예요. 앞으로 우주여행이 더 쉬워질 거라고도 해요. 저도 기대가 돼요. 어서 우주여행을 하고 싶어지네요.

하늘을
오르는 방법

인간 탑 쌓기

　8월의 마지막 날, 이날은 스페인 카탈루냐 지방에서 축제가 열리는 날이에요. 마을 주민들 수백 명이 힘을 합해 인간 탑 쌓기에 도전하죠.

　규칙은 매우 단순해요. 선수들이 다른 참가자의 어깨를 밟고 올라가 최대한 높이 쌓는 거예요. 쓰러지지 않고 높이 올라가기 위해서는 1층이 특히 튼튼해야 해요. 참가한 수십 명의 사람이 둥그렇게 모여 탑의 중심부로 힘을 보태 1층을 완성해요. 완성된 1층 위로 건장한 남자 십여 명이 올라가 탑의 2층을 만들고 3층부터는 4~5명이 남자들이 올라가 탑의 균형을 유지하며 조심스럽게 한 층씩 쌓아 올라가요.

　탑의 가장 윗부분은 몸무게가 가볍고 용감한 어린이가 맡아요. 마지막 층을 만들 어린이가 층층이 조심스럽게 탑을 오르는 장면은 이 행사의 하이라이트예요. 이때 모든 사람이 일제히 환호하며 탑의 완성을 기원해요.

이 행사는 세계적으로 유명한 축제인 동시에 많은 위험을 안고 있어 사고도 많이 발생해요. 대개 균형을 잡지 못해 탑이 무너지면서 위에 있는 어린이가 떨어져 다치는 아찔한 사고가 발생하죠. 사고의 위험을 줄이기 위해 몇 년 전부터 꼭대기에 오르는 어린이는 의무적으로 헬멧을 착용해야 해요.

이뿐 아니라 탑이 무너질 때 1층에 있는 사람들이 위의 사람들의 무게를 온전히 받아내느라 뼈가 부러지는 부상을 당하는 경우도 있어요. 수십 명의 건장한 사람들이 탑을 이루기 때문에 1층에 있는 사람들은 거의 십여 톤의 무게를 견디는 위험을 감수해야 해요.

인간 탑 쌓기 행사는 약 200년 전부터 시작되었다고 전해져요. 지역 주민들의 소속감과 협동심을 키우기 위해 시작된 것이 지금은 세계적으로 유명한 축제가 됐죠. 지난 2010년에는 유네스코 세계 유산으로도 등록됐어요.

그런데 탑을 높이 쌓으면 과연 하늘까지 닿을 수 있을까요? 오래전부터 인간은 이런 상상을 현실로 바꾸기 위해 노력했어요. 가장 대표적인 기록이 성경에 나오는 바벨탑이에요.

인간 탑 쌓기

신이 되고 싶은 인간의 욕망, 바벨탑

성경의 창세기 11장에는 사람들이 천국으로 가기 위해 하늘로 쌓아 올린 바벨탑이 나와요. 후세 역사학자들의 연구에 의하면 탑의 기초가 되는 부분이 화강암으로 만든 십여 미터짜리 돌들로 이루어져 있고 탑의 두께는 웬만한 신전의 크기만 했다고 해요.

탑은 잘 구워진 벽돌을 쌓고 역청이라는 접착제를 발라 단단히 굳게 만들어요. 이 벽돌을 만드느라 도시 전체의 굴뚝에서 검은 연기가 나고 주변 유프라테스강의 바닥에서 흙을 퍼오느라 강의 수심이 무척 깊어졌다고 하죠.

탑에는 두 개의 나선 모양으로 난 길이 있는데 하나의 길은 올라가는 길, 나머지 하나는 내려오는 길이에요. 두 길 사이로 사람들이 거주하는 작은 마을들이 이어져요. 이 탑을 모두 오르려면 최소 한 달 반의 시간이 걸렸어요. 사람들은 수레를 끌고 5일간 올라간 후, 대기하고 있던 다른 조에게 짐을 넘기고 다시 빈수레를 끌고 되돌아오는 방식으로 지어졌어요. 이런 수레꾼의 무리는 탑의 정상까지 사슬처럼 이어져 있어요.

역사학자들과 소설가들이 꾸며낸 이야기일지도 모르지만 만약 인간이 바벨탑을 만든다면 제일 먼저 고려해야 할 것이 이러한 전달 장치 아닐까요? 현대의 고층건물 엘리베이터처럼 끝도 없이 이어지는 탑에는 사람이나 물건을 싣고 오르내리는 장치가 꼭 필요할 거예요. 그리고 그곳에서 생활할 사람들을 위해 수도나 전기 시설을 놓아야겠죠? 도시 전체가 탑의 건설을 위해 벽돌을 만드는 공장이 되듯이 건물을 짓기 위해서는 상상도 하지 못할 만큼 많은 건축자재가 필요할 거예요.

바벨탑 말고도 지구상에는 높은 탑들이 많이 있어요. 사람들은 왜 하늘에 오르고 싶어 할까요? 진짜 바벨탑처럼 천국에 가고 싶어서일까요? 역사학자들은 사람들이 탑을 오르고 싶어 하는 이유는 하늘의 천장을 부수고 천국으로 가고 싶어하기 때문이라고 했어요. 하지만 일부 학자들은 인간의 호기심이 탑을 오르게 만든다고 해석해요. 인간

바벨탑

의 호기심과 상상력이 신화와 소설 속 바벨탑을 만들었듯 현실 속의 인간도 언젠가 하늘로 향하는 이런 거대한 구조물을 만들어내지 않을까요?

잭과 콩나무, 해와 달이 된 오누이

사람이 하늘로 올라가는 이야기는 동서양 모두에 존재해요. 주로 희망을 주는 아름다운 이야기로 끝을 맺곤 하죠. 영국의 유명한 민화 '잭과 콩나무'에서는 무심코 뒤뜰에 버린 마법의 콩이 다음날 하늘 높이 자라서 거인이 사는 성에 다다르죠. 잭은 이 콩나무를 타고 올라가 황금알을 낳는 거위를 거인에게서 훔쳐 집으로 돌아와 가난한 삶의 마침표를 찍어요.

그런데 이렇게 하늘이 소원을 들어주는 이야기는 우리나라 전래동화에도 있어요. '해와 달이 된 오누이'는 줄을 타고 하늘을 오르는 이야기예요. 마음 착한 오누이는 엄마와 함께 오붓하게 살고 있었어요. 그런데 어느 날 떡을 팔고 집으로 돌아오던 엄마가 그만 호랑이에게 잡아먹히고 말죠. 여기서 우리에게 익숙한 이런 말이 등장해요. "떡 하나 주면 안 잡아먹지~"

오누이의 엄마를 잡아먹은 호랑이는 엄마로 분장해서 오누이를 찾아가요. 엄마처럼 똑같이 행동하려 하지만 똑똑한 오누이들에게 금방 정체를 들키고 말아요. 오누이는 필사적으로 살기 위해 도망을 쳐요.

화가 잔뜩 난 호랑이를 피해 뒷마당 나무 위로 피신한 오누이는 간절하게 하늘을 향해 기도해요. "저희를 구하시려면 새 동아줄을 내려주시고, 그렇지 않으면 썩은 동아줄을 내려주세요." 그러자 하늘에서 새 동아줄이 스르륵 내려오고 오누이는 그 동아줄을 타고 올라가 해와 달이 되었다는 이야기예요. 오누이를 따라서 똑같이 하늘에 빈 호랑이에게는 썩은 동아줄이 내려왔어요. 그것도 모르고 신나게 줄을 타고 올라가던 호랑이는 도중에 줄이 끊어져 땅에 떨어져 죽음을 맞이했어요.

이처럼 하늘을 오르고 싶다면 거대한 탑 대신 줄을 타고 올라가는 것도 고려해볼 수 있어요. 물론 하늘로 향하는 새 동아줄은 끊어지지 않게 튼튼하고, 하늘까지 이어져야 하기 때문에 매우 길어야 해요. 동아줄을 어디에 묶어놓을지는 당장 생각하지 말아요. 더 큰 문제는 따로 있거든요. 그냥 튼튼하고 길이가 긴 동아줄을 하늘에 매달아 놓고 오른다고 상상해볼까요. 동아줄의 길이를 대략 수 ㎞만 잡아도 무게가 엄청날 거예요. 아무리 새 동아줄이라도 제 무게를 이기지 못하고 중간이 끊어질 수밖에 없죠. 아주 길게 뽑은 국수 면발의 한쪽 끝을 잡고 건물 옥상에서 서서히 내려뜨린다면 아마도 몇

미터도 내려가지 못하고 국수 가닥은 끊어지고 말 거예요. 단단한 실로 하면 되지 않냐고요? 수 ㎞의 길이의 실타래는 사람 키 정도로 감아 놓을 수 있는데 이 무게는 수백 ㎏에 달해요. 이 실타래를 모두 풀어 늘어뜨리고 한곳에 묶어놓으면 실 한 올이 제 무게인 수백 ㎏을 견뎌야 하겠죠. 그런데 실 한 올은 그만큼 질길까요? 과학자들이 케이블을 이용해 하늘을 오른다는 아이디어를 상상만 하고 실행에 옮기지도 못한 이유이기도 해요. 물론 탑 쌓기에 비해 가능성은 높겠지만요.

2장. 우주로 가는 또 다른 방법 - 우주엘리베이터

우주엘리베이터의 역사

치올코프스키의 에펠탑

1895년 러시아의 과학자 치올코프스키는(Konstantin Tsiolkovsky)는 프랑스 파리에 방문했어요. 당시에는 에펠탑이 지어진 지 몇 년 지나지 않은 시절이었어요. 그는 숙소에서 일어나 파리의 전경을 감상하다가 파리의 고풍스런 건물 위로 불쑥 솟아오른 에펠탑을 보았어요. 심장이 두근대던 그는 서둘러 에펠탑에 도착해 가까이서 철골의 두께와 그 건축 구조에 대해 관찰하고 강한 인상을 받아요.

지금도 비슷하지만 1889년 에펠탑의 완공 당시 파리의 건물들의 높이는 30m를 넘지 못했어요. 그런데 300m가 넘는 에펠탑의 철골 구조물은 단숨에 파리의 경관을 바꿔놓기에 충분했어요.

치올코프스키

돌아가는 기차 안에서 치올코프스키는 또 다른 상상의 나래를 펼쳐요. '인간은 얼마나 높은 구조물을 만들 수 있을까? 만약 기술이 발전하면 우주까지 솟은 높은 탑을 만들어 우주를 여행할 수 있지 않을까? 저 높은 에펠탑을 보니 못할 것도 없지 않을까?'

그는 처음으로 우주를 여행하는 색다른 방법을 생각해요. 36,000km 높이의 '치올코프스키 타워', 그 탑의 꼭대기는 정지궤도로 중력 효과가 사라지는 곳이에요. 이곳까지 탑을 만들어 우주로 나가는 정류장을 만드는 것이죠. 치올코프스키는 이곳에서 지구의 자전으로 인한 속력과 로켓의 속력을 더하면 우주로 나아가는데 많은 연료가 절약될 것이라고 생각했어요. 물론 이곳까지 오르기 위해 아주 빠른 기차 같은 엘리베이터를 만들어야 한다고 그는 생각했어요.* 이렇게 우주엘리베이터의 역사는 기차 한 칸에서 끄적인 종이 한 장에서 시작됐어요.

치올코프스키는 로켓의 이론을 연구하고 우주엘리베이터의 아이디어를 창시한 최초의 연구자예요. 그는 우리가 우주로 나아가야 하는 이유에 대해 아래와 같은 명언을 남겼어요.

"지구는 인류 문명의 요람이다. 그러나 누구도 요람에서 평생을 살 수 없다."

---

* Jerome Pearson(1997), Konstantin Tsiolkovski and the Origin of the Space Elevator, IAF—97—IAA.2.1.09, 48th IAF Congress, Torino, Italy.

유리 아르츠타노프의 케이블

"여기 작은 실을 돌에 붙이세요. 그리고 실을 잡고 돌을 회전시켜요. 원심력의 영향으로 실이 팽팽해지겠죠? 이 실을 지구의 적도에 고정하고 우주로 멀리 던져보세요. 제가 계산해 보니 실이 충분히 길면 지구가 돌을 잡아당기는 힘과 돌의 원심력이 같아지는 거리가 있어요. 그곳까지 우리는 이 줄을 타고 우주로 가면 돼요. 어때요? 멋지지 않아요?"[*]

러시아의 엔지니어인 유리 아르츠타노프는 우주엘리베이터의 원리를 이렇게 설명했

---

[*] Artsutanov, Yuri(1960), V Kosmos na Electrovoze", Komsomolskaya Pravda, July 31.

어요. 알아듣기 쉽고 창의적이었던 이 글은 안타깝게도 논문의 형식이 아닌 신문에 실렸어요. 그것도 러시아어로 된 신문의 부록에 실어 1960년에 발표했어요. 게다가 제목을 잘 짓는 재주도 없었어요. 제목은 역사적인 발견치고는 너무나도 평범한 '전기기차를 타고 우주로'였어요. 이 글은 1980년이 되어서야 빛을 보게 되죠.

아르츠타노프의 우주엘리베이터 아이디어는 정지궤도 상에 온실과 관측소, 위성도시, 태양열 발전소 등을 갖추고 있어요. 이 아이디어는 과학 이론과 가능성을 검증하여 섬세하게 설계된 것이에요. 지구와 연결한 케이블은 자체 무게를 고려해 위로 올라갈수록 점점 가늘어지고 지구에서 케이블을 감아올린 구조물의 그림은 이해하기 쉽게 간단한 삽화로 그려두기까지 했어요.

그는 인공위성을 이용해 케이블을 양방향으로 늘어뜨려 균형을 잡는 초기 건설과정도 제시하였는데 이 방법은 현대 여러 과학자들이 제시한 방법과 완벽하게 일치해요.

그런데 아르츠타노프의 선견지명은 이것에서 그치지 않아요. 지구와 달을 연결하는 우주엘리베이터를 만들 아이디어도 제시해요. 전기기차를 타고 우주로 간다는 흔하디흔한 제목에서는 상상할 수 없는 너무나도 많은 내용들이 담겨 있었어요.

제롬 피어슨의 우주엘리베이터

치올코프스키의 타워는 스페인의 인간 탑 쌓기나 바벨탑처럼 지표면에서 우주로 건축구조물을 올리는 방식이에요. 그런데 치올코프스키의 아이디어는 높이 올라갈수록 건물의 바닥이 받는 힘이 급격하게 증가해 수만 ㎞ 높이까지 올리는 것은 불가능해요.

반면 아르츠타노프의 케이블을 이용한 엘리베이터는 '해와 달이된 오누이' 동화처럼 하늘에서 아래로 케이블을 내려뜨리는 방식으로 건설되기 때문에 몇 가지 문제점만 해결되면 가능성이 조금 더 커 보여요.

　제롬 피어슨은 우주엘리베이터에 대한 연구로 가장 잘 알려진 미국 엔지니어이자 우주 과학자예요. 피어슨의 아이디어는 대부분 아르츠타노프의 생각과 비슷했어요. 피어슨은 아르츠타노프의 신문을 본 적이 없었음에도 혼자 비슷한 구조의 우주엘리베이터에 관해 아이디어를 냈어요. 그는 탄소나노튜브가 만들어지기 20년 전부터 우주엘리베이터 건축물의 재료로 흑연의 결정체를 제안하기도 했어요. 많은 부분에서 선견지명이 있었던 셈이지요.

　피어슨의 우주엘리베이터는 공학자인 그의 생각이 잘 반영되어 있어요. 엘리베이터를 올리는 방법을 잘 설명해 두었고 우주엘리베이터 개념을 달까지 연결시키는 것을 생각하기도 했어요.

에드워드의 실현 가능한 우주엘리베이터

　우주엘리베이터는 상상이며 현실이 되지 못할 것이라고 많은 사람들이 생각했어요. 그리고 실제로 한동안 한 발자국도 나아가지 못했어요. 그러다가 1991년 탄소나노튜브가 발명됐고 이 소재가 강철보다 수백 배 강하면서도 매우 가볍다는 성질이 알려지면서 우주엘리베이터 케이블의 소재로서의 가능성이 대두되기 시작했어요. 우주엘리베이터 케이블은 수만 km에 해당하는 케이블의 무게를 견뎌야 하므로 강하면서도 가벼워야 했어요.

　물리학자 브래들리 에드워드(Bradley C. Edwards)는 이러한 아이디어와 재료를 사용하여 우주엘리베이터를 건설하기 위한 계획을 제안하고 NASA의 자금지원을 받아 우주엘리베이터 건설에 대한 연구결과를 발표했어요.

그의 보고서는 우주엘리베이터의 개념과 건설방법에 관해서는 이전의 피어슨의 것과 비슷하지만 매우 실용적으로 기술되어 있어요. 건설에 투자가 가능한 예상 글로벌 기업들, 건설 장소에 대한 현실적인 고려, 실제 건설이 시작되었을 때 발생할 수 있는 위험, 분쟁과 법률적 검토 등이 담겨있어요. 특히 우주 쓰레기, 방사선, 소행성의 파편, 항공기의 충돌, 테러, 지진 등 현실적인 여러 가지 위험 요소들을 제시하고 이것을 해결하기 위한 방법을 제시해요.

에드워드의 보고서는 우리나라에도 책으로 출판되어 있어요. 이 책을 읽고 있으면 너무나도 현실적이고 낙관적이어서 수년 내 우주엘리베이터를 타고 우주로 나아갈 수 있을 것 같은 착각이 들기도 해요. 에드워드는 정지궤도인 36,000km에 본부를 두고 10만km까지 케이블을 늘려 그 끝에 우주로 향하는 터미널을 만드는 구조를 제안해요. 케이블의 두께는 머리카락 두께 정도이고 너비는 30cm 정도인 납작한 모양인데 이를 '리본'이라고 불러요. 정지궤도까지 오르는데 약 1주일이 걸리고 10만km인 리본의 끝까지는 10일이 더 걸린다고 설정하고 있어요.

에드워드도 화성과 달에 우주엘리베이터를 건설할 수 있다며 지구 우주엘리베이터의 끝에서 화성 우주엘리베이터 끝으로의 로켓 여행을 하면 아주 많은 연료를 아낄 수 있다고 주장해요. 지구 표면에서 출발하면서 가속하기 위해 많은 연료가 필요하고 화성에서 속도를 줄이기 위해 또 연료가 필요하기 때문이죠. 이 두 과정을 우주엘리베이터로 대신하니까 연료가 절약되는 것이죠.

우주엘리베이터의 구조

인간의 편리한 도구, 엘리베이터의 구조

문이 열리면 네모난 상자에 타요. 몇 층까지 갈지 버튼을 누르면 버튼에 불이 켜져요. 잠시 후 문이 슬며시 닫히고, 발바닥이 살짝 눌리는 느낌이 들면서 약간의 진동과 소리가 나요. 문 위에 빨간색 숫자가 하나씩 더해지면서 현재 이 네모난 상자가 어디를 지나가고 있는지 보여줘요. 네모난 상자가 움직이는 동안 상자에 탄 사람들은 할 일이 없기 때문에 빨간색 숫자가 하나씩 더해지는 것을 그냥 보고 있어요. 이 지루함을 없애기 위해 어떤 상자 안에는 기발하게도 광고판을 만들어 사람들의 시선을 모으는 데 성공했어요.

상자가 움직이는 동안에는 이 상자가 정지해 있는지 움직이고 있는지 구분할 수 없을 정도로 속력의 변화가 없이 편안해요. 그리고 목적지에 다가오면 몸이 약간 떠오르는 듯한 느낌을 받으며 약간의 진동이 느껴져요. 문이 열리면 문밖의 장소는 이 상자에 들어가기 전에 본 장소와 조금 다른 모습이에요.

유치원에 다니는 어떤 어린이는 한 엘리베이터 회사가 주최한 글쓰기 대회에서 엘리베이터를 처음 경험한 순간을 아래와 같이 회상했어요.

"이 상자는 가만히 있고 내가 이 상자 안에 갇혀있는 동안 사람들이 뚝딱뚝딱 밖의 모습을 바꾼 것 같다."

이 어린이의 말처럼 엘리베이터는 정말 편리한 장치예요. 사람이 손 하나만 까딱해서 버튼을 누르면 문밖의 모습이 후딱 달라지는 마법을 경험할 수 있으니 말이에요. 현대 사회의 우리는 모두 이런 편리한 장치에 익숙해져 있죠. 건물을 올라갈 일이 생기면 일단 엘리베이터부터 찾아요. 그러다가 우주를 갈 일이 생겨 우주엘리베이터를 생각했는지도 모를 일이에요.

엘리베이터는 가장 윗부분에 전동기가 있어 케이블을 감았다가 풀었다가 하며 케이블에 매달려 있는 상자를 위아래로 움직이게 해요. 엘리베이터는 균형추가 달려 있어요. 상자 무게와 비슷한 균형추가 반대편 케이블 끝에 달려 있어 오르내리기 쉽게 해줘요. 마치 무게가 비슷한 사람 둘이서 시소의 맞은편에 앉아 시소를 타는 것과 비슷해요.

엘리베이터라는 말은 상자와 전동기, 균형추, 케이블이 모두 포함된 시스템을 지칭하는 말이에요. 우리가 문을 열고 탑승하는 상자는 '카'라고 불러요. 그래서 앞으로 우주엘리베이터라고 하는 것은 우주로 올라가는 모든 장치를 지칭할 거예요 이 책에서는 에드워드가 사용한 우주엘리베이터 구조와 용어를 사용해볼게요.

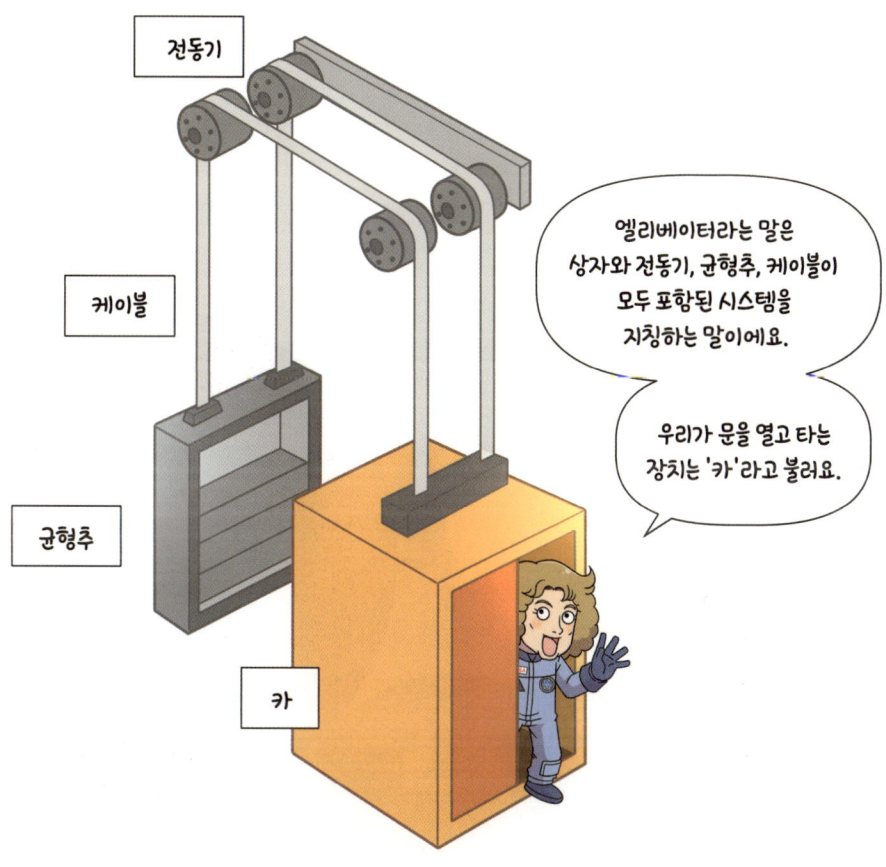

우주엘리베이터는 어떻게 생겼을까?

문이 열리면 네모난 상자에 타게 되는데 우리는 이 상자를 '클라이머'라고 불러요. 말 그대로 '오른다'는 뜻이에요. 어디까지 갈지 버튼을 누를 필요는 없어요. 우주엘리베이터는 건물을 올라가는 엘리베이터보다 하늘을 나는 비행기에 탑승하는 것과 더 비슷하기 때문이죠. 그래서 비행기처럼 정해진 자리에 앉아야 해요. 우주까지 가는 데 시간이

꽤 오래 걸리기 때문이에요.

지구에서 출발하는 1층은 '지구포트'라고 불러요. 포트는 '항구'라는 뜻으로 공항을 '에어포트'라고 하는 것과 비슷한 말이에요.

사람들이 모두 앉아 벨트를 매는 동안 서서히 문이 닫혀요. 출발 전 승무원이 혹시 모를 위험에 대비해 탈출방법을 소개해요. 잠시 후 엉덩이가 살짝 눌리는 기분이 들면서 클라이머가 출발해요. 화면 한쪽에는 몇 층이라고 알려주는 대신 현재 고도가 표시돼요. 길게는 며칠씩 클라이머 안에 있어야 하기 때문에 지루하지 않게 광고와 영상이 나올 거예요.

만약 고급 클라이머를 타면 유리창이 있을지도 모르겠어요. 유리창에 다가가 위, 또는 아래를 보면 클라이머와 연결된 케이블이 보일지도 모르죠. 우주엘리베이터의 케이블은 지구포트에 고정되어 있어요. 클라이머에 전동기가 달려 있어 철로를 달리는 전철처럼 스스로 움직여요.

끝이 보이지 않는 케이블의 반대편은 어디에 매달려 있을까요? 우주엘리베이터에도 균형추가 있어요. 에드워드 모형에 따르면 이 균형추는 대략 10만km 정도에 놓여 있는데 이 길이는 달과 지구 사이 거리의 1/3정도라고 해요.

그러면 무거운 균형추와 클라이머는 지구로 떨어지지 않을까요? 아무리 멀리 있어도 지구의 중력이 있으니까요. 균형추 보다 더 멀리 있는 달을 생각해볼까요. 달은 왜 지구의 중력을 받는데 지구로 떨어지지 않을까요? 그건 바로 달이 지구 주위를 돌고 있기 때문이에요. 케이블과 연결된 균형추도 지구 주위를 돌기 때문에 떨어지지 않아요.

그런데 균형추를 조금 더 가까이 두면 케이블 길이도 줄어들어 공사비도 덜 들고 좋을 것 같은데 왜 그렇게 멀리 둘까요? 균형추를 너무 가까이 두면 균형추가 아래로 떨어지고 말아요. 돌에 실을 매달고 돌릴 때 실이 짧으면 돌을 꽤 빨리 돌려야 하고 실이 길면 천천히 돌려도 되는 원리와 같죠. 실의 길이에 따라 돌리는 빠르기가 정해지는 거죠.

우주엘리베이터의 케이블은 지구 표면과 연결되어 있어 지구가 자전하는 빠르기로 균형추를 돌려요. 그래서 적당한 실의 길이가 정해져 있어요. 약 36,000km! 이 높이를 정지궤도라고 해요. 이곳에 인공위성을 올리면 지구와 같이 회전해서 지구에서 볼 때 인공위성이 하늘에 멈춰선 것처럼 보여요. 그런데 왜 36,000km가 아닌 10만km까지 연결할까요? 우리는 돌멩이를 돌릴 때 돌멩이의 무게만 고려했지 실의 무게를 고려

하지 않았어요. 우주엘리베이터에서는 36,000km보다 아래에 있게 되어 지구로 떨어져요. 무엇보다 36,000km에 해당하는 케이블의 무게가 굉장히 무겁기 때문에 균형을 맞추기 위해서는 반대쪽에 무거운 균형추를 두어야 해요.

36,000km인 정지궤도에는 건물을 지어도 지구로 떨어지지 않고 그대로 하늘에 멈춰서 있는 것처럼 보여요. 이곳에 지을 건물들을 '지오스테이션'이라고 불러요. 이곳에서 지구쪽으로 케이블을 내려뜨리고 동시에 반대쪽인 우주쪽으로 케이블을 늘어뜨리면 한쪽으로 치우치지 않고 균형을 갖게 돼요. 이러한 방식으로 초기 우주엘리베이터 건설을 시작해요. 놀랍게도 이 방식은 1960년에 유리 아르츠타노프가 제안한 방식이에요. 결국 지오스테이션을 기준으로 지구 쪽으로 연결한 케이블의 무게와 우주 쪽으로 연결한 케이블과 균형추 무게가 같아야 한다는 말이에요. 마치 아빠가 시소의 가운데 앉아 있고 무게가 비슷한 쌍둥이가 시소를 타고 있는 것과 비슷해요.

지오스테이션은 중력의 효과가 사라지기 때문에 무중력 연구시설이나 우주호텔, 우주공장 등을 건설할 수 있어요. 그리고 균형추가 있는 케이블의 우주 쪽 끝부분에서 다른 행성으로 우주선들이 출발할 거예요. 이곳을 '펜트하우스스테이션'이라고 불러요. 건물의 꼭대기층에서 이름을 따온 것 같죠. 소행성을 균형추로 쓴다면 이곳이 우주광물을 캐는 광산이 될 것이고 케이블의 다른 끝부분에 우주로 가는 터미널이 만들어질 거예요. 여기서 출발한 우주선은 달이나 화성에 있는 우주엘리베이터의 펜트하우스스테이션까지 도착해 그곳에서 다시 클라이머로 갈아타고 달이나 화성의 표면에 도착해요.

우주엘리베이터의 케이블은 무엇으로 만들까?

사람을 우주로 보내기 위해서는 케이블을 먼저 설치해야 해요. 현재까지 설계된 우주엘리베이터는 지상에서부터 정지궤도 높이인 약 36,000km 정도에서 최대 10만km까지 케이블을 연결해야 하죠. 이는 지구 반지름의 약 15배 정도 되는 거리로, 국제 우주정거장까지 거리의 약 250배 정도 되는 아주 먼 거리예요. 국제우주정거장까지만 가도 우주에 갔다 왔다고 전세계가 떠들썩했는데 이번에는 그것의 수백 배 높이까지 케이블을 연결해야 하기 때문에 만만치 않은 공사가 될 거예요.

먼 거리도 문제지만 더 중요한 문제는 케이블을 만들 재료가 까다로운 조건을 갖춰야 한다는 거예요. 일반 엘리베이터처럼 튼튼한 강철선을 사용하면 되지 않냐고 생각할 수 있어요. 하지만 우주엘리베이터를 만들려면 튼튼한 것보다 더 중요한 성질이 있어요. 바로 가벼워야 한다는 거죠.

실의 한쪽 끝을 잡고 책상 위에서 실을 놓으면, 실은 금방 책상으로 떨어져요. 실도 지구가 잡아당기기 때문이에요. 그런데 우주엘리베이터에서는 이 길이가 자그마치 지구 반지름의 십여 배예요. 당연히 그 무게가 어마어마하겠죠. 다행히 지구가 자전하기 때문에 실에는 원심력이라는 것이 작용하고 그 무게는 중력과 반대방향인 우주로 날아가는 방향으로 작용해요. 그래서 실의 무게가 조금 줄어들기는 해요.

과학자들이 다리에 사용하는 강철 와이어로 우주엘리베이터 케이블을 만들면 어떻게 될지 계산해 봤어요. 먼저 로켓에 강철 와이어를 싣고 수십 번 왕복해 정지궤도에 갖다 놓고 서서히 지구로 내려뜨리는 거죠. 과학자들에 따르면 약 7,000km 정도를 내리면 자신의 무게를 이기지 못하고 강철 와이어가 끊어진다고 해요. 따라서 강철은 재료로서는 탈락이었어요.

그 다음 재료로 등장한 것이 케블라 섬유예요. 케블라는 방탄조끼 등에 이용되는 화

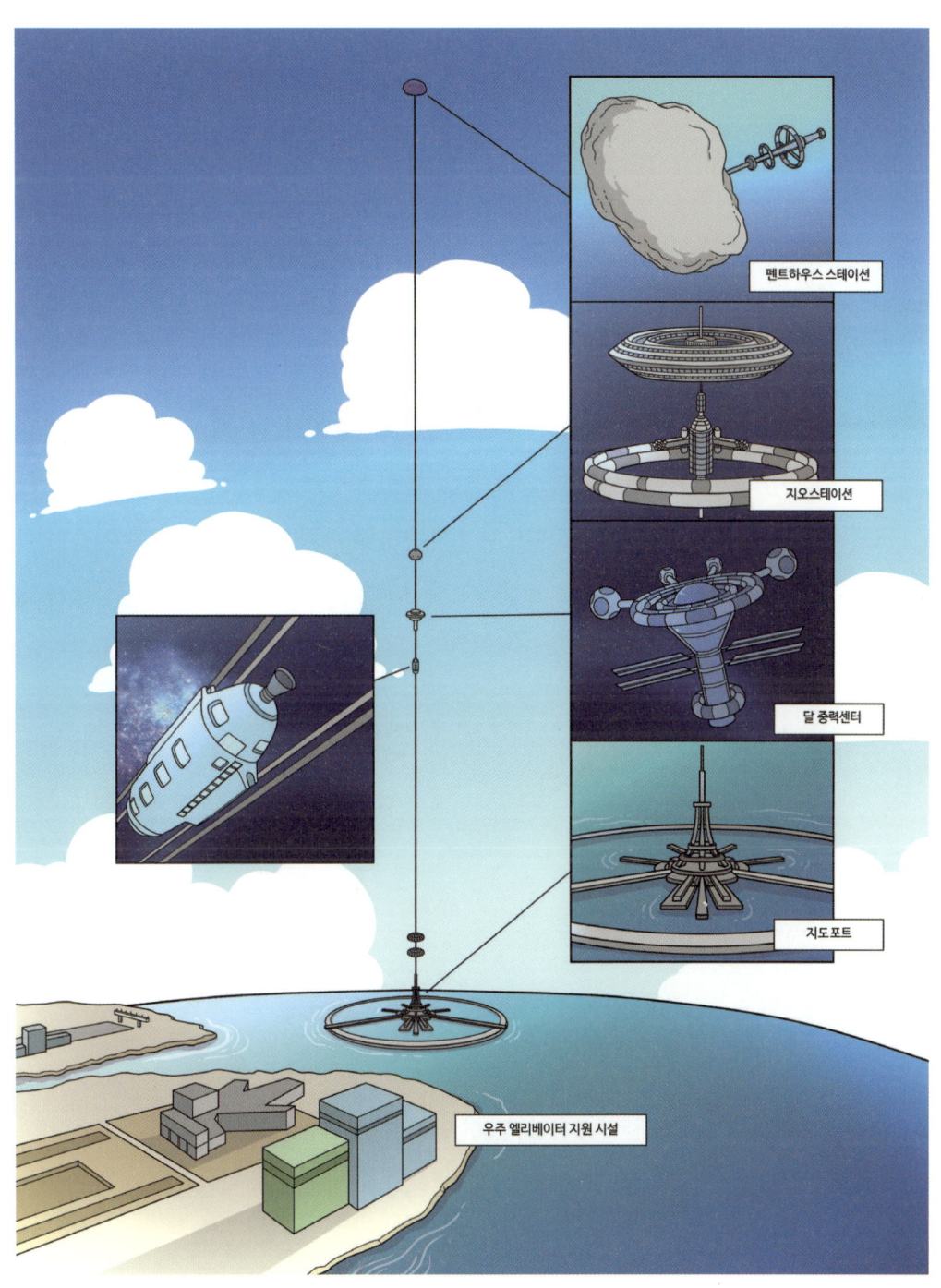

케블라섬유

학섬유로 아주 질긴 실이죠. 게다가 강철보다 1.4배 더 질기기도 하고 무게도 거의 1/5수준이니 케블라는 승산이 있어 보여요. 과학자들은 역시 케블라를 가지고 열심히 계산을 해봤어요. 하지만 케블라 섬유도 16,000km까지 내리니 자신의 무게를 이기지 못하고 끊어졌다고 해요. 믿고 있던 신소재도 절반 정도 밖에 내리지 못하니 우주엘리베이터는 케이블 문제 때문에 영원히 만들 수 없을 것처럼 보였어요.

그런데, 희소식이 들렸어요. 탄소나노튜브라는 신소재가 발명된 것이죠. 이것은 탄소로 이루어진 튜브 모양의 물질로 케블라보다 20배나 질겼어요. 게다가 가운데가 뚫

펜싱복이나 방탄복을 만드는 케블라 섬유도 튼튼하지만,

우주엘리베이터 케이블을 만들 수는 없었어요.

려 있는 원통 모양으로 무게도 아주 가벼워요. 무게가 강철선의 1/6 정도이니 현재까지 실험한 재료 중에서 가장 실현 가능성이 높은 재료예요. 신이 난 과학자들은 당장 탄소나노튜브를 케이블로 사용하는 것을 계산해 봤어요. 결과는 충분히 지상까지 내려뜨릴 수 있었어요. 이제 우주엘리베이터용 케이블을 만들기만 하면 돼요.

탄소나노튜브의 발명

우주엘리베이터에 필요한 케이블은 강해야 해요. 끊어지면 큰 참사가 일어나요. 그래서 절대로 끊어지지 않아야 하며 잘 늘어나지도 않아야 해요. 그러면서도 가벼워야 하죠. 정말 까다로운 조건을 모두 갖춰야 해요.

이 조건에 맞추려면 후보가 확 줄어들어요. 일단 탄소가 결합된 물질이 가장 유력해요. 세상에서 가장 가벼운 원소 1번부터 5번까지 살펴보면 수소, 헬륨, 리튬, 베릴륨, 붕소까지는 재료로 쓰기에는 애매한 원소들이에요. 탄소가 그 다음인데 탄소는 소재로서 적당하고 결합하기도 좋아요.

탄소로 만든 물질은 몇 가지가 있어요. 다이아몬드와 흑연이 대표적이에요. 그런데 그 비싼 다이아몬드와 작은 힘만 주어도 쉽게 부러지는 흑연 연필심으로 케이블을 만드는 것은 상상하기 어려워요. 다른 탄소 형제들도 있어요. 흑연에 레이저를 쏘았을 때 남은 그을음에서 발견된 축구공 형태의 풀러렌, 연필심에 접착테이프를 수천 번 붙였다가 떼면서 어렵사리 발견한 그래핀, 풀러렌을 전기방전시켜 남은 부스러기에서 발견한 탄소나노튜브 등이 있어요. 이들 탄소 형제 중에서 우주엘리베이터 케이블로 제작 가능한 가장 유력한 후보는 탄소나노튜브예요.

문제는 케이블로 만들려면 탄소나노튜브를 길게 만들어야 하는데 이게 만만치 않다

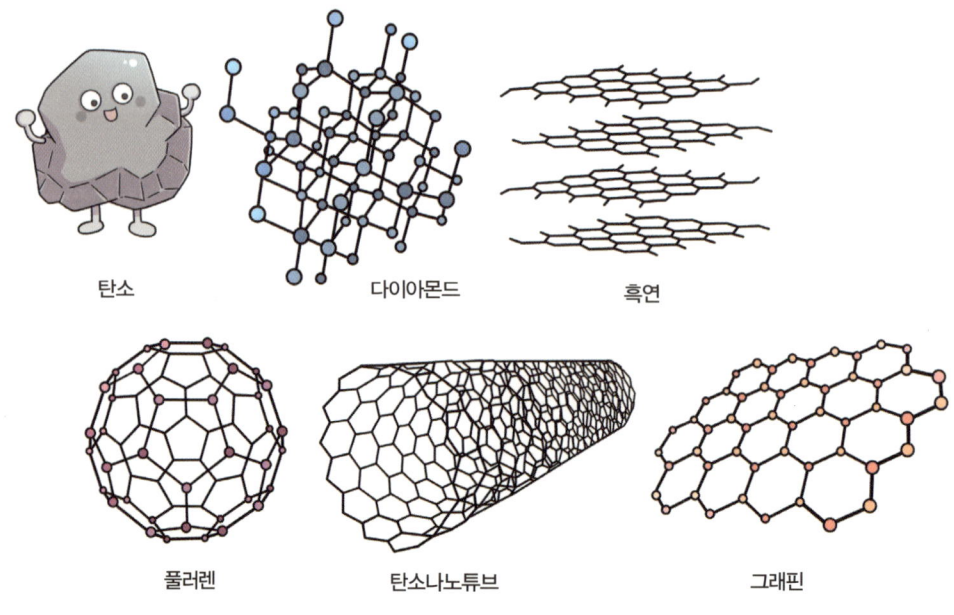

탄소로 만들 수 있는 여러 가지 구조들

는 점이에요. 사실 현재까지 만들어진 가장 긴 탄소나노튜브는 몇 cm에 불과해요. 수만km를 만들어야 하는데 고작 1m도 만들지 못하다니. 탄소나노튜브는 거미 똥구멍에서 거미줄처럼 쭉쭉 뽑아내는 것이 아니라 화학물질을 통해 점점 길어지는 과정이 필요한데 이 과정에서 조금 자라다가 멈춰버려요. 어찌어찌해서 14cm를 만들었다고 발표했는데 이를 만드는 데 하루종일 걸렸다고 해요. 이런 속도로는 어느 세월에 1m를 만들까요? 일반 털실처럼 짧은 것 여러 개를 꼬아서 만들면 되지 않냐고 생각할 수 있는데 그렇게 하면 강도가 떨어져요. 하지만 몇 가지 방법을 최근 열심히 연구 중이라고 하니 희망을 가지고 기다려볼까요?

우주에서 전기는 어떻게 사용하지?

우주엘리베이터는 전기가 무척 많이 필요해요. 전등도 있고 TV 같은 화면도 여러 개 필요하고, 음악도 듣고, 에어컨도 작동해야 하죠. 무엇보다 클라이머를 움직이는 것도 전기예요.

그렇다면 그 높은 곳까지 전기에너지를 어떻게 운반할까요? 배터리를 충전해서 싣고 다닐까요? 가뜩이나 무거워서 케이블도 제대로 만들지 못하고 있는데 길게는 몇 주 동안 사용할 무거운 배터리를 싣고 다닐 순 없을 것 같아요. 전철처럼 전선으로 전기를 공급받으면 될 것 같은데 이게 만만치 않아요. 전선도 36,000km를 설치하면 무겁기 때문이에요. 무게를 줄이기 위해 탄소나노튜브 같은 신소재를 사용하는데 거기다 구리선을 보태면 아마도 금방 끊어져 버릴 수도 있어요.

물론 탄소나노튜브로 만든 케이블 자체가 전기가 통하는 소재이긴 하지만 케이블에 고압의 전류가 흐를 경우 몇 가지 문제점이 발생하기 때문에 다른 방법을 찾아야 해요. 그래서 전류가 흐르는 가벼운 전선이 발명되기 전까지 무선으로 전기를 옮겨야 해요. 과학자들은 몇 가지 에너지 조달 방법을 제안하고 있어요.

첫 번째는 마이크로파를 이용하는 것이에요. 현재에도 휴대폰의 무선충전은 선이 없이 충전할 수 있어요. 전자기파인 마이크로파를 이용하면 날씨와 관계없이 전기를 전달할 수 있어요. 비오는 날에 출발해도 정전이 되는 일은 없죠. 다만 매우 가까워야 해요. 우주엘리베이터에 전기를 공급하기 위해서는 거대한 안테나에서 전자기파를 방출해 클라이머의 안테나로 에너지를 공급해주는 모양이 될 거예요. 현재는 수m 떨어진 곳에 전기에너지를 보낼 수 있는 기술이 개발되어 있어요. 과학자들이 5m 떨어진 곳에 전기에너지를 보내는 실험을 했는데 보낸 에너지의 1/6 정도만 겨우 도달했다고 해요. 기술적으로는 아직 많이 부족하지만 충분히 개선될 가능성도 있어요.

두 번째 기술은 레이저를 이용하는 방법이에요. 광섬유와 레이저를 이용해 통신을 하는 것은 우리에게 익숙한 일이에요. 그런데 레이저로 전기를 보내는 것은 아직 생소하죠. 레이저는 말 그대로 빛에너지를 이용하는 거예요. 그래서 출력이 센 레이저를 멀리 떨어진 클라이머의 태양전지판에 보내는 방식으로 에너지를 전달해요. 당연히 조준을 잘해야 해요. 그런데 조준을 잘하는 것이 생각보다 쉽지가 않아요. 생각해보세요. 레이저 포인터를 들고 고작 몇 m 떨어진 교실 벽에 비추면 손이 떨리면서 레이저 빛점이 이리저리 흔들리는데 수천 km 떨어진 곳에 제대로 보낼 수 있을까요? 기계로 하겠지만 구름을 통과하지도 못하고 대기에 의해 굴절이 될 수 있기 때문에 그리 미덥지 않은 기술이에요.

　과학자들은 좀 더 합리적인 방법을 제시해보기로 했어요. 대기가 있는 지표 근처에서는 마이크로파를 사용해 기상현상과 관계없이 전달되도록 하고, 그 이후 대기가 없는 곳에서는 레이저를 이용하거나 자체 태양광 패널을 통해 에너지를 얻는 방법을 생각하고 있죠. 현재로는 이 방법이 가장 실현 가능성이 높은 아이디어예요.

우주엘리베이터의 건설

케이블은 어떤 곳에 묶어야 안전할까?

우주엘리베이터를 타고 출발하는 장소는 어디가 좋을까요? 이 거대한 구조물이 설치될 곳은 아마도 유명한 관광지가 될 가능성이 높아요. 우주엘리베이터를 타지 않더라도 거대한 모습을 배경으로 '인증샷'을 찍기 위해 사람들이 몰려들겠죠. 당연히 우주엘리베이터를 유치하기 위한 국가 간 경쟁은 치열할 것으로 예상돼요. 실상은 케이블을 고작 1m도 만들지 못했으면서 놀랍게도 우주엘리베이터 출발 지구포트를 자기 나라에 만들어 달라고 홍보하는 나라들이 생겨나고 있어요. 대표적인 나라가 호주예요. 호주는 공식적으로 한발 먼저 이 경쟁에 뛰어들었어요.

그런데 생각보다 지구포트를 설치할 장소는 그리 많지 않아요. 일단 폭풍이나 태풍,

지진 등이 적고 대기가 비교적 안정된 장소가 필요해요. 항공기가 주로 지나가는 경로에 있어서도 안 되죠. 무엇보다 적도 근처에 있어야 케이블이 지면과 수직으로 설 수 있고, 원심력을 많이 받아 좀 더 쉽게 건설할 수 있어요.

위치만 중요한 게 아니에요. 정치적으로도 안정된 나라여야 해요. 이렇게 거대한 구조물은 쉽게 테러의 표적이 되기 때문이죠. 그래서 여러 나라로부터 미움을 받는 나라에 건설하면 시설을 보호하기 위해서도 많은 돈이 필요하고 항상 스트레스를 받게 될 거예요. 일부 과학자들은 호주의 서쪽 해안이 최적의 장소라고 이야기하고 있어요. 적도에서 멀리 떨어져 있지 않고 대기가 비교적 안정되고, 비행기의 통행량이 많지 않기 때문이에요.

지구포트의 앵커는 우주엘리베이터의 케이블을 지상과 연결하는 구조물이에요. 케이블을 꽉 잡고 있어야 하기 때문에 튼튼한 지반이 필요해 바닷속 단단한 바위에 연결하는 것을 연결하는 것을 고려하고 있어요. 우주엘리베이터의 탑승 시설도 거대한 건축물이 될 거예요. 여기에는 우주엘리베이터를 움직이게 하는 기계 시설뿐만 아니라 여러 편의 시설도 필요해요. 탑승권을 판매하는 곳, 기다리다가 식사를 할 수 있는 카페나 식당도 필요하고, 기념품점도 생길 거예요. 지구포트와 가까운 육지에는 호텔과 같은 숙박시설도 같이 만들어지겠죠. 또 건설과정을 담은 영상과 모형, 과학 원리를 체험하고 설명하는 멋진 박물관도 만들어지지 않을까요? 이름도 멋진 '우주엘리베이터 박물관' 기대되지 않나요?

우주엘리베이터의 본부, 지오스테이션

잭과 콩나무 동화에서 잭은 왜 하늘로 솟아오른 콩나무를 힘들게 올라갔을까요? 아마도 남다른 호기심이 발동했을 것 같아요. 잭처럼 인간의 호기심은 우주엘리베이터의 우주 구조물에 대한 상상을 가능하게 했어요. 단순히 올라가는 것뿐 아니라 그 위에 무언가를 만들어내는 상상력 말이에요.

지구 정지궤도에는 우주엘리베이터의 지오스테이션이 지어져요. 그곳은 우주엘리베이터의 진짜 '본부'라고 볼 수 있어요. 쉽게 말하면 잭과 콩나무 동화에서 거인의 집 같은 곳이에요. 정지궤도는 지구와 항상 같이 자전하는 궤도인데, 우리나라 상공에 계속 머물러 일기 예보를 해줘야 하는 기상위성 같은 것들이 자리 잡은 궤도예요. 이곳에서 케이블을 내려뜨리면 지구와 같이 돌아가기 때문에 위성에서 내려다보이는 바로 아래에 내릴 수 있어요. 그래서 우주엘리베이터 건설의 실질적인 시작은 아마도 이곳이 될 거예요. 이곳에서 케이블을 서서히 내려뜨려 케이블이 지상에 닿으면 지구포트와 케이블을 연결하죠. 그리고 나서 지상에서 건설 자재들을 실어 날라 지오스테이션을 건설해요.

정지궤도의 또 다른 특징은 이곳이 중력과 원심력이 상쇄되어 무중력을 경험할 수 있는 곳이라는 점이에요. 그래서 지오스테이션이 건설되면 그 공간은 다양한 용도로 사용될 수 있어요. 대규모 관광객을 위한 럭셔리 우주호텔, 과학자들을 위한 무중력 우주실험실도 만들어지고 기업들을 위한 무중력 공장도 건설될 수 있어요. 그리고 정지궤도보다 더 높은 곳으로 출발하는 탑승장이 들어서겠죠. 지오스테이션에서 또 다른 클라이머를 타고 더 높은 곳으로 올라가면 우주탐사선이 출발하는 터미널이 나올 거예요. 우주탐사선 터미널은 지상에서부터 불을 뿜으며 로켓으로 출발했던 우주탐사의 시간과 비용을 굉장히 낮출 수 있어요.

상상을 현실로! 우주엘리베이터의 건설 과정

먼저 화학로켓으로 저궤도(약 300km)까지 건설 자재를 올려요. 국제우주정거장을 건설할 때처럼 수십 차례에 걸쳐 로켓으로 화물을 실어 날라 초기 건설 위성을 만들어요. 총 무게는 125톤으로 예상하고 있어요. 그 사이 지상에는 위성에 에너지를 전달할 전력 전송 안테나를 건설해요. 이후 지상에서 레이저 형태로 저궤도 위성에 전력을 공급하여 점점 고도를 높여요. 약 140일이 지나면 위성은 36,000km 고도의 정지궤도에 도달해요. 이때부터 지구와 같은 속도로 회전하게 되고 서서히 위치를 조절해 건설부지 상공에 자리 잡아요.

위성은 다시 두 개의 임시 클라이머와 한 개의 전력 중계 위성으로 분리돼요. 두 개의 임시 클라이머는 각각 지구 방향과 우주 방향으로 서서히 케이블을 내려뜨리면서 이동해요. 무게중심은 항상 정지궤도에 있도록 조절해야 해요. 나머지 전력 중계 위성은 지상에서 전달되어온 전력을 받아 두 임시 클라이머에게 무선으로 전력을 공급해요.

240일이 지나면 지구 방향으로 내려간 임시 클라이머가 지표에 도달하게 되고 때마침 건설 완공된 지구포트와 케이블을 연결해요. 우주 방향으로 올라간 임시 클라이머도 그 자리에 멈춰서 그 자체로 무게추가 돼요.

지구 방향에서는 제대로 된 첫 클라이머가 케이블을 싣고 우주로 올라요. 첫 번째 클라이머가 추가 케이블을 설치하면서 12,000km에 다다랐을 때 두 번째 클라이머가 지구포트에서 출발해요. 이런 식으로 총 8대의 클라이머가 동시에 올라가면서 케이블을 보강해요.

클라이머의 전력은 지상의 전력 전송 안테나가 담당해요. 클라이머는 정지궤도를 넘어 무게추가 있는 곳까지 18년 5개월 동안 510번을 왕복하며 주 케이블을 완성해요. 이후에는 정지궤도에 지오스테이션을 건설하기 위해 화물을 실어 나르기 시작해요. 지오스테이션은 약 4,000톤의 구조물로 설계되었으며 약 1년 6개월 동안 6대의 클라이머가 상시 오르내리며 꾸준히 화물을 실어 날라요.

건설이 시작되고 20년 즈음, 드디어 지오스테이션의 초기 모형이 완공돼요. 이후 화성 중력 센터, 달 중력 센터, 저궤도 위성 센터 등 부가적인 시설이 만들어져요.

이 모든 과정이 미래에 그대로 시행될지는 확신할 수 없어요. 이보다 더 나은 방법이 개발될 수도 있고, 이 과정에서 미처 고려하지 못한 다른 변수들에 의해 처음부터 다시 계획될 수 있어요. 하지만 인간이 미래에 이런 거대한 구조물을 세워야겠다고 생각하고 이를 상상하고 계획을 세우는 것이 중요해요. 언젠가는 상상한 것이 그대로 현실이 되니까요.

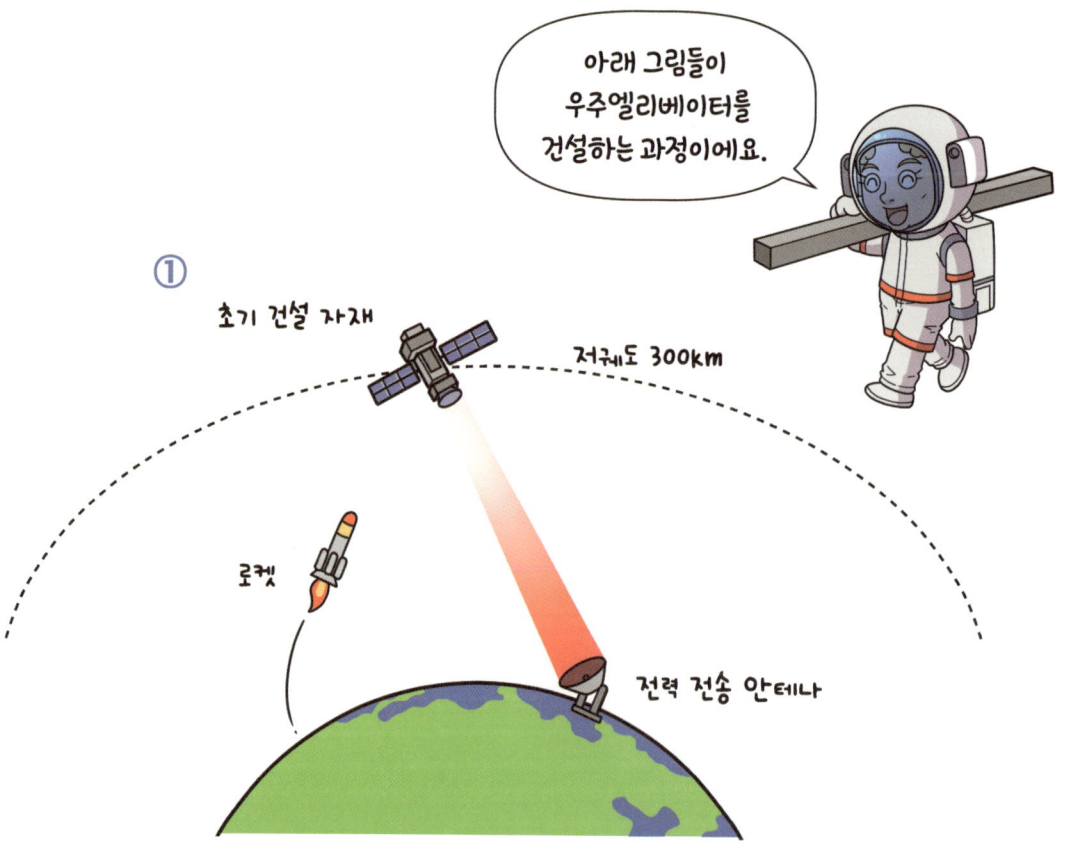

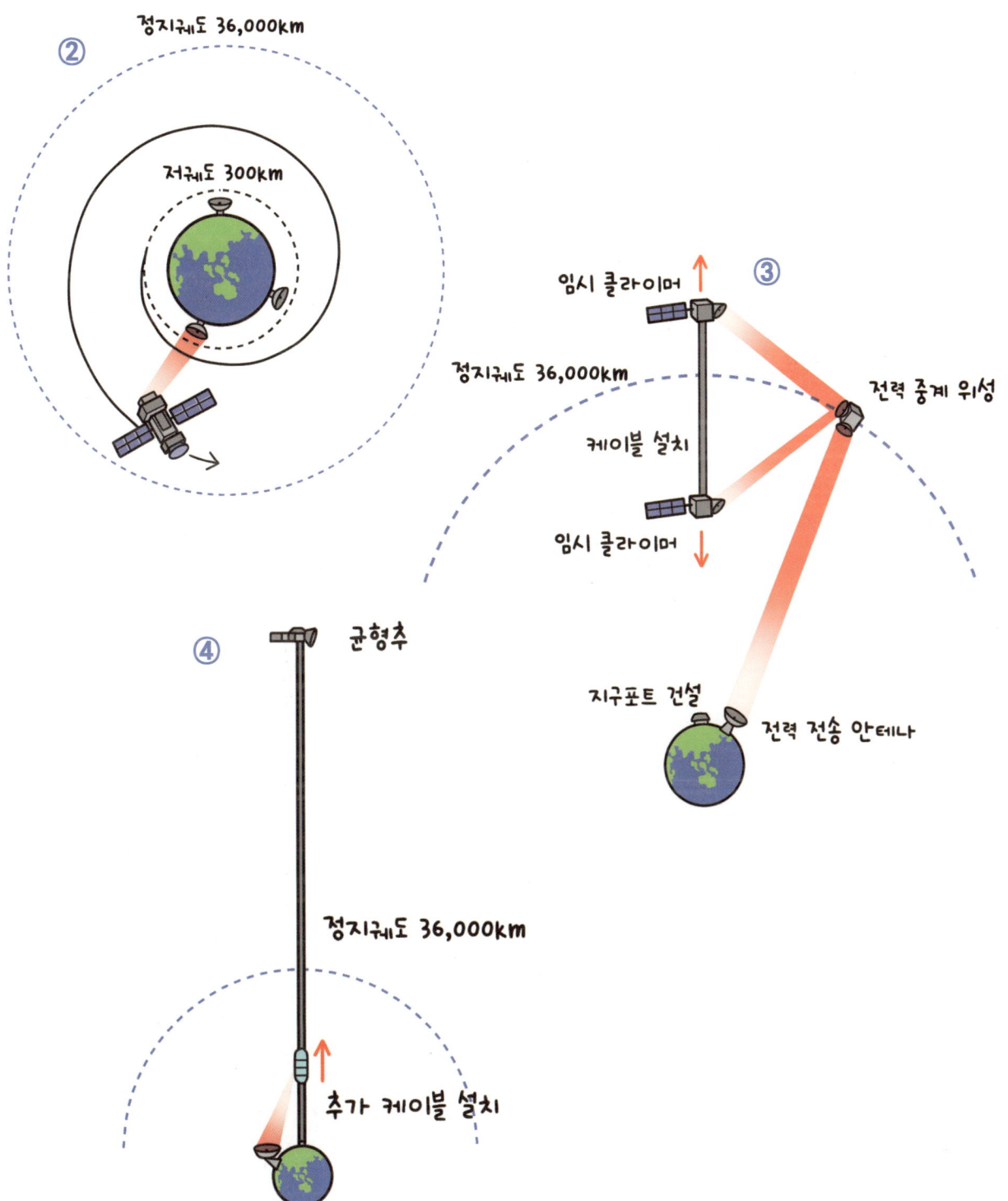

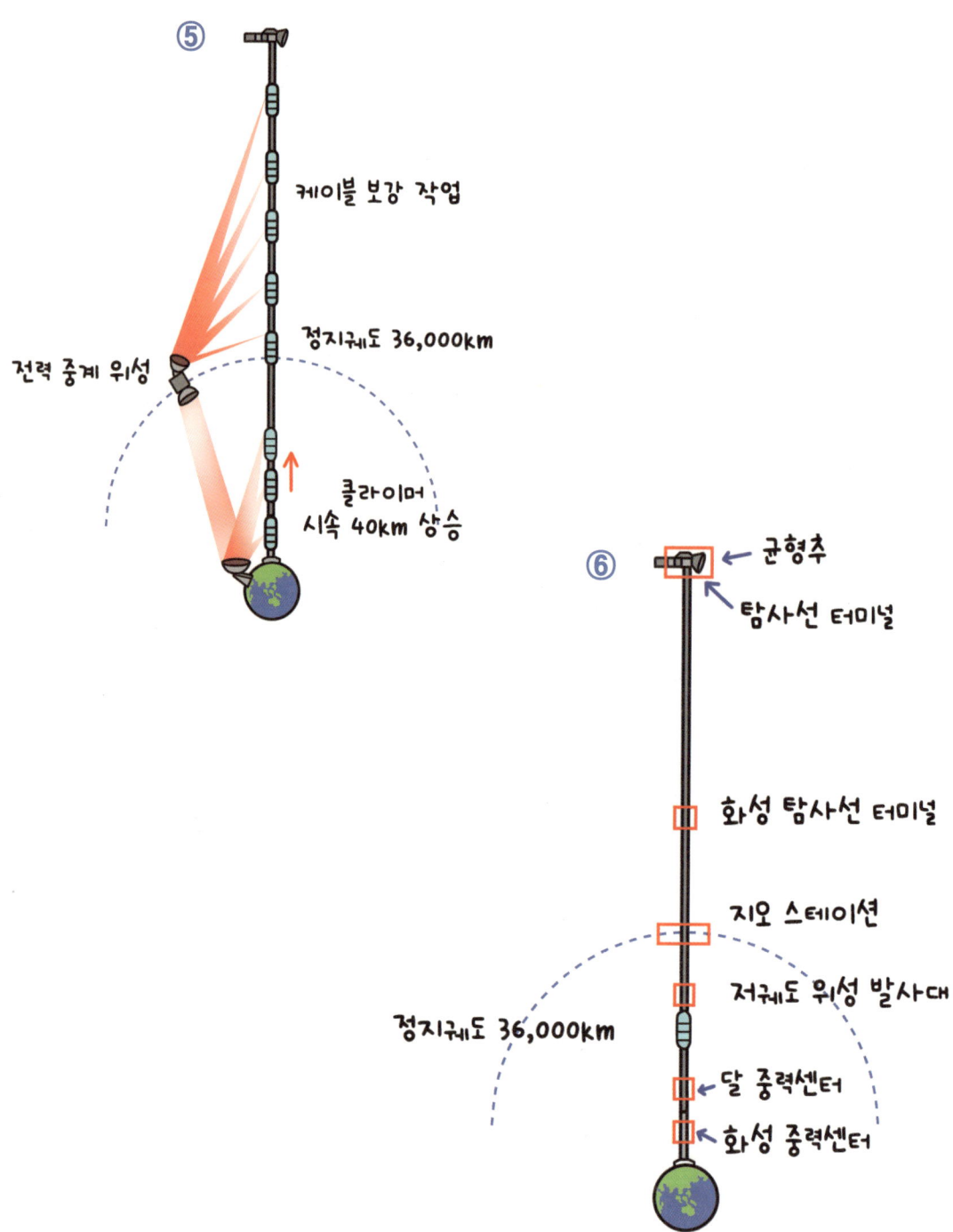

3장

우주엘리베이터의 미래

우주엘리베이터, 이제 탑승할 시간입니다!

2233년 11월 25일
제목 : 소원 별똥별 뿌리기

    볼링공만 한 쇠구슬이 반으로 쪼개지더니 그 안에 하얀 종이가 들어있어요. 안내 화면에는 그 종이에 소원을 적으라고 나왔어요. 나는 우주호텔에서 우주요리를 하는 요리사가 되고 싶다는 소원을 정성스럽게 적었어요. 그리고 화면에 나오는 대로 쇠구슬 안에 종이를 넣으니 자동으로 뚜껑이 닫히고 작은 고리가 열리지 않게 고정되었어요. 같이 온 일행들도 각자 자신의 소원을 적고 쇠구슬 안에 넣었어요.

    잠시 후 우리가 탄 클라이머는 내려오다가 어느 순간 속도를 줄이며 서서히 멈췄어요. 클라이머가 멈추니 숨 쉬는 소리가 들릴 정도로 조용해요. 너무 조용해서 내가 우주에 있다는 것이 실감이 나요. 유리창으로 보이는 지구는 이제 해가 져서 반짝반짝 도시들에서 나오는 불빛이 보석을 박아 놓은 듯 아름답게 보여요. 로봇팔이 제일 앞에 있는 내 쇠구슬을 잡아서 클라이머 밖 우주로 끄집어냈어요. 클라이머에서 나오는 불빛 때

우주에서 본 별똥별 NASA

문에 쇠구슬만 보이고 우주는 너무나도 어두워요. 삑 소리와 함께 화면에 카운트다운 숫자가 하나씩 줄어들고 있네요. 모두가 숫자를 외칩니다.

"5, 4, 3, 2, 1!"

화면에 글자가 뜨면서 로봇팔이 잡고 있던 내 쇠구슬을 놓았어요.

"Throwing down."

쇠구슬은 지구로 떨어졌어요. 우주는 어두워서 쇠구슬은 금방 사라졌고 이제 보이지 않아요. 우리는 지구로 떨어지는 보이지 않는 구슬을 상상하면서 지구에서 나오는 불빛들을 보고 있었어요. 3분쯤 지났을까? 갑자기 까마득히 아래에서 가녀린 밝은 선이 밤하늘에 밝게 빛났어요.

"앗 저거다. 우와~!"

나도 모르게 외쳤어요. 한 2초쯤 되려나. 지구에서 보는 것보다는 길었지만 내가 느끼기에는 여전히 찰나 같은 순간이었죠. 아마 지구에서라면 소원을 빌지도 못했을 시간이었을 거예요. 다행히 소원을 안에 넣어서 보냈으니 소원이 이루어지겠죠?

 이로써 별똥별 투어는 마쳤어요. 같이 간 일행의 별똥별도 모두 같이 지켜보았어요. 별똥별 투어는 여러 선택사항이 있었는데 색깔을 넣을 수도 있고 좀 더 길게 볼 수도 있어요. 색깔은 불꽃놀이처럼 몇 가지 화학물질을 넣어 선택할 수 있죠. 더 길게 지켜볼 수 있는 쇠구슬은 크기가 두 배는 더 커요. 빨간색이 나오고 두 배 더 길게 볼 수 있게 선택할 걸 후회가 됐죠.

 별똥별은 지구로 떨어지는 유성이 대기와 마찰로 타면서 빛을 내는 거래요. 보통 별똥별이 다 타서 없어지기도 하지만 큰 것은 다 타지 않고 지구로 떨어지기도 해요. 그걸 우리는 운석이라고 해요.

 통계에 따르면 매일 지구에 떨어지는 운석의 양은 100톤이나 된다고 해요. 한 시간에 수천 개씩 떨어진다고 하니 어마어마하죠. 이런 볼링공만 한 것들은 다 타서 없어지고 자동차만 한 큰 것들은 지구에 일부가 떨어져서 운석이 되기도 한대요. 다 타서 주먹만 한 크기가 된다고 하긴 하지만 안심할 수는 없어요. 속도가 빨라 위험할지 모르거든요. 그런데 다행히 대부분 바다에 떨어진대요. 지구 표면의 대부분은 바다이고 육지도 사람이 살지 않는 부분이 많아서 큰 걱정은 하지 말래요.

 아, 그리고 안내 화면에서 동영상으로 나왔는데 이 쇠구슬 별똥별은 지구에서도 볼 수 있어요. 우주엘리베이터 지구포트의 호텔에서도 저녁 하늘에 우리가 본 별똥별을 볼 수 있대요. 멋지지 않나요? 꼭 나만의 별똥별은 아니니까 누구라도 소원이 이루어지면 좋겠죠?

 이제 다시 지구로 내려갈 시간이에요. 오늘 우주엘리베이터를 타고 저녁을 먹으면서 해가 지는 것을 보고, 소원이 담긴 별똥별을 만들었어요. 몇 달간 부모님을 졸라서 여기까지 와서 우주를 체험하니 너무도 가슴이 벅차올라요. 우주는 정말 어둡고 조용하고 그리고 아름다워요. 이제 우주요리사가 되겠다는 목표가 더 확실해졌어요.

인류가 고대하던
우주여행의 시작

　우주엘리베이터가 만들어지면 제일 가슴이 설렐 사람들은 우주여행을 기대하는 사람일 거예요. 이제까지 비싼 돈을 들여가며 위험하고 견디기 힘든 로켓을 타고 가던 것을 편리하게 엘리베이터로 오를 수 있기 때문이죠. 그리고 회사 입장에서도 우주엘리베이터를 만들 때 많은 돈이 들었기 때문에 관광 산업을 통해 수익을 내야 하죠. 그래서 우주엘리베이터를 타고 우주를 오르는 관광상품이 많이 개발될 거예요.

　먼저 당일로 몇 시간을 여행하는 상품을 생각해볼까요? 커다란 공사용 클라이머는 아직도 우주의 시설을 건설하고 우주에서 필요한 화물을 나르는 데 활용되고 있어요. 그렇기 때문에 우주여행은 이 공사용 클라이머가 오르지 않는 시간 동안 틈을 내서 낮은 높이를 오르내려요. 하루에 다섯 번 정도 운행하는데 한번 운행할 때마다 1시간 남짓을 운행하는 상품도 있고 4시간을 운행하는 상품도 있어요. 1시간 상품은 하늘이 까

매지는 우주까지 올라가서 전망대를 구경하고 내려오는 것으로 고도 100km 정도까지 올라가요. 지구에서 가장 높은 에베레스트산이 8.8km 정도 되니까 이 정도만 올라가도 꽤 높아서 지구의 대기권이 보여요. 올라가면서 커다란 유리로 된 창문으로 멀어지는 지구를 내려다보면 무서운 생각이 들기도 하겠지만 곧바로 하늘이 까매지면서 낮 동안 볼 수 없었던 별이 반짝이는 우주의 하늘을 볼수 있죠.

좀 더 긴 여행은 3일이나 일주일 또는 한 달 여행도 있어요. 이 여행은 공사용 클라이머의 한 곳에 사람이 탈 수 있도록 해서 더 높은 곳까지 사람들을 실어날라요. 높이 올라갈수록 지구의 중력이 약해져서 화성과 같은 중력이 되는 곳에도 갈 수 있고 달의 중력과 같은 지점에 내려서 마치 달에 간 것 같은 체험을 할 수 있죠. 그리고 더 멀리 올라가면 드디어 무중력 상태를 경험할 수 있는 지오스테이션이 나와요. 이곳에서는 오랫동안 머물 수 있는 연구시설과 거주 시설이 있는데 이곳을 여행하는 관광객도 있어요. 자, 이제 준비가 되었다면 떠나볼까요?

우주 스카이다이빙과 별똥별 만들기 체험

4시간 머무는 상품은 아주 특별한 옵션이 두 개 포함되어 있어요. 바로 '스카이다이빙'과 '별똥별 만들기'죠. 낮에 운행하는 상품은 스카이다이빙을 할 수 있고, 저녁에 올라가는 상품은 일몰을 보며 저녁을 먹고 별똥별을 떨어뜨리는 체험을 할 수 있어요. 둘 중에는 아무래도 스카이다이빙이 훨씬 인기가 많아요. 우주에서 하는 스카이다이빙은 아무래도 색다르겠죠? 일단 지구에서와 다르게 공기저항이 별로 없어서 속도가 아주 빨라요. 그런데 우주에서는 속도감을 잘 느낄 수 없어요. 주변이 모두 까맣기 때문이죠. 그래도 떨어지는 기분은 짜릿하다고 해요. 그런데 궁금한 것이 있어요. 지상에서는 낙하산을 펴서 속도를 줄이는데 우주에서는 어떻게 속도를 줄일까요? 우주에서는 클라이머가 당겨서 속도를 줄여줘요. 우주에서 하는 스카이다이빙 안내서를 살펴볼까요?

우주 스카이다이빙!

우주에서 당신의 담력을 시험하는 색다른 방법
클라이머에 줄을 묶고 진짜 지구로 떨어집니다.
우주복 글라스 너머로 푸른 지구를 보며
조용히, 아무 소리도 없는 적막 속에서 낙하!
10분 동안 우주에서 중력의 힘을 느껴 보세요.

4시간 상품은 지구에서 200km 정도까지 올라가요. 그곳에 또 다른 전망대가 있고 아주 값비싼 식사를 할 수도 있어요. 아마 지구에서 먹는 음식값에 '0' 하나는 더 붙여야 할 거예요. 컵라면이 10만 원쯤 할지도 몰라요. 컵라면과 물을 모두 지상에서 엘리베이터로 옮겨야 하니까요.

시간이 되면 클라이머를 다시 타고 내려가면서 스카이다이빙 옷을 입어요. 밖으로 나가야 하니 우주복을 꼭 입어야겠죠. 우주복 허리에는 질긴 로프가 달려 있어요. 이 로프는 클라이머와 단단하게 연결되어 있어서 다행히 사고가 나더라도 우주로 내팽겨지지 않아요.

높이 150km 정도가 되면 클라이머가 멈추고 체험자들은 별도의 에어록*을 거쳐서 밖으로 나가요. 밖에는 아파트의 베란다처럼 작은 공간이 있어요. 그 공간 구석에 로프를 매달 수 있는 고리가 있어서 능숙한 가이드가 로프를 단단히 고정시켜 줘요. 그리고

* 우주로 나가기 위해서 공기를 빼거나 채우는 중간 공간

는 번지 점프를 하듯 우주로 뛰어내릴 준비를 해요. 우주에는 공기가 없어서 소리가 들리지 않아요. 그래서 우주복 안에 스피커가 있어서 가이드가 시키는 대로 해야 해요.

스카이다이빙 체험을 신청하지 않은 일반 여행객들은 클라이머 안에서 편안하게 이 모습을 지켜볼 수 있어요. 이들은 절대 체험자들을 부러워하지 않아요.

"지구의 중력을 느끼는 짜릿함은 순전히 도전과 모험으로만 얻을 수 있죠."

가이드가 그들의 선택이 옳았음을 다시 한번 강조하면서 신호를 주면 일제히 뛰어내리라고 말하죠.

"셋, 둘, 하나!"

체험인원 중 세 명은 일제히 뛰어내렸고 두 명은 조금 머뭇거리다가 발판이 아래로 꺼지면서 강제로 떨어졌어요. 참다못한 가이드가 강제버튼을 누른 것이죠. 순간 그들의 비명이 들리는 듯 해요. 하지만 우주는 그들의 소리를 전달하지 못해요.

그들이 뛰어내리면 클라이머도 잡았던 브레이크를 풀어요. 곧바로 클라이머도 아래로 떨어져요. 그래서 스카이다이버와 클라이머가 동시에 떨어지게 되죠. 클라이머 안의 관광객들도 자유낙하를 경험해요. 물론 이들은 자이로드롭을 타는 것처럼 안전벨트가 단단히 매여진 의자에 고정되어 있죠. 10분이나 떨어지는 롤러코스터나 자이로드롭을 타는 셈이에요. 창밖으로는 눈앞에서 스카이다이버들의 일그러진 표정을 볼 수 있어요. 우주복의 헬멧 안에서 머리가 헝클어진 모습으로 일제히 입을 벌리고 있어요. 그 울부짖음이 여기까지 들리는 듯해요.

10분 정도 자유낙하를 하다가 클라이머가 서서히 속도를 줄이면 스카이다이버들은 아래로 내려갔다가 로프에 의해 당겨지며 서서히 속도가 줄어들어요. 그리고 잠시 후 클라이머가 멈추면 모터가 로프를 당겨 그들을 우주의 바다에서 건져내요. 가이드는 익숙한 손놀림으로 허리춤의 로프를 떼어내고 둘둘 말아 한곳에 두고 체험자들은 줄줄이 어깨에 손을 올리고 안전하게 에어록을 통해 안으로 들어와요. 지켜보던 관광객들

은 일제히 박수를 치고 헬멧을 벗은 그들은 헝클어진 머리카락 사이로 눈물 한 방울이 그렁그렁해요. 그 눈물의 의미는 무엇일까요? 아마도 중력의 짜릿함을 경험한 감동의 눈물일 거예요.

우주에서 일몰 체험을?

저녁에 운행하는 상품을 선택하면 또 다른 재미있는 경험을 할 수 있어요. 바로 '대지의 그림자' 체험이죠. 이건 꽤 신기한 체험이고 단 몇 초 동안만 경험할 수 있어요. 이 체험은 밤의 시작을 경험할 수 있게 하죠.

체험 '대지의 그림자'
어둠은 어떻게 시작될까?
저녁에 출발하는
바로 이 클라이머 탑승자에게만 주어진 기회
옵션비용 없이 무료로 체험하세요.
여러분에게 지구의 자전을 선물합니다!

"이 체험은 어둠에 대한 여러분의 생각을 좀 더 우주적으로 바꿀 겁니다."
'대지의 그림자' 체험 소개 영상에 등장한 아인슈타인처럼 생긴 과학자는 이 체험을 소개하면서 이렇게 근사하게 설명했어요. '우주적인 생각'이라니. 어떤 것일까요?
클라이머가 50km 정도를 지날 때쯤 잠시 멈춰 서요. 저 멀리 지구의 둥근 가장자리 너머로 태양이 반쯤 가려지죠. 지구의 대기는 푸른색이었다가 점차 붉게 물들어요. 이런 일몰을 우주에서 체험하는 것만으로도 아주 낭만적이지 않나요?

체험시간이 되면 클라이머의 모든 전등을 꺼요. 이제 클라이머 안은 태양이 비추는 빛 이외에는 그 어떤 빛도 없어요. 빛과 어두움만 존재해요. 햇빛이 비추는 곳은 밝고 그림자가 드리운 곳은 완전히 어둡게 보여요. 때맞춰 잔잔한 음악이 흐르고 안내에 따라 여행객들은 아래로 난 창을 내려다 봐요. 이 창문은 평소에는 가려져 있다가 체험을 할 때만 열리는데 고층건물 전망대에 있는 유리바닥과 비슷해요. 여기에 서면 까마득히 아래에 지구포트가 보이죠. 우리가 탄 클라이머와 지구포트를 연결하는 케이블도 점점 가늘어지며 아래로 이어져요. 지구포트는 이제 막 어두워져서 불빛이 켜져요. 우주로 솟아 있는 우리는 아직 햇빛을 볼 수 있지만 지구포트에서는 이미 해가 진 셈인 거죠.

잠시 후 가이드가 케이블을 자세히 내려다보라고 얘기해요. 저 아래 케이블이 점점 사라지는 것이 보여요. 일부 사람들은 겁을 먹기도 해요. 케이블이 사라지다니!

"사라지는 것은 아닙니다. 지구 그림자에 가려지는 겁니다."

가이드가 겁먹은 승객을 안심시켜요. 그런데 그 그림자의 속도가 올라올수록 빨라져요. 검은 그림자는 아주 빠른 속도로 케이블을 집어삼켜요. 단지 그것이 그림자임을 알면서도 여행객들의 두려움은 점점 커져요. 클라이머의 스피커에서도 음악이 꺼지고 드럼소리가 둥둥둥 빠르게 연주되어 긴장감을 더해요. 순간 그림자는 클라이머를 덮어버려요. 그리고 바로 옆 사람도 볼 수 없는 컴컴한 어둠이 찾아오죠. 가이드가 가리키는 대로 사람들은 일제히 위로 난 창을 바라봐요. 역시 위로 뻗은 케이블도 그림자가 빠른 속도로 덮어버려요.

클라이머는 지구에서 경험한 그 어떤 어둠보다 더욱 신비한 어두움에 잠겼어요. 잠시 후 안내 화면의 검은색 바탕화면으로 몇 마디 글자가 적혀요.

"밤이란 하늘을 향해 드리우는 대지의 그림자다."

물리학자이자 SF 소설가인 테드 창이 한 말이에요.

다시 클라이머가 출발해요. 가이드는 10분 정도 어둠 속에서 우주의 수많은 별들을 볼 수 있는 시간을 줘요. 눈이 어둠에 적응이 되면서 보이지 않던 수많은 별들이 보이기 시작해요. 자세히 보니 우주는 어두운 것이 아니었어요. 우주는 수많은 별들이 내는 빛으로 밝게 빛나는 곳이었어요. 대지의 그림자 체험은 지구의 자전 때문에 그림자가 생겨 밤이 만들어지는 것을 체험하는 것이었지만 반대로 우주가 어둡지 않다는 것도 알려주었어요. 이것이 그 '우주적인 생각'인가 봐요.

무중력 요리를 맛보며 무중력 투어를!

우주엘리베이터에서 한나절을 보내고 싶다면 1일 투어를 선택하면 돼요. 1일 투어는 지구 표면에서 400km나 올라가는 여행이에요. 이곳에는 멋진 전망대가 있어서 이곳에서 우주의 다양한 모습을 유리창 너머로 구경할 수 있어요. 제법 멋진 카페에 앉아 우주커피라는 특별한 우주 음료도 맛볼 수 있죠. 창밖으론 북극의 오로라도 관찰할 수 있고 지구를 한 바퀴 도는 궤도우주선을 탑승해서 무중력 투어도 할 수 있어요. 다행히 우주복으로 갈아입을 필요는 없어요. 안내 책자에는 다음과 같은 주의사항이 나와 있어요.

오로라와 함께하는 무중력 체험!!
40분간 지구를 한 바퀴 돌아보세요.
우주복 없이 무중력을 체험하고
무중력 우주요리를 맛보세요.
주의> 우주멀미 조심.

전직 우주비행사였던 가이드가 자기소개를 했어요. 우주비행사의 말에 따르면 이 고도는 과거 우주정거장이 지구를 돌던 고도라고 해요. 투어를 신청한 사람들이 줄줄이 궤도선으로 갈아타요. 그들은 평상복장 그대로죠. 대신 소지품은 모두 락커에 보관하고 머리는 수영모처럼 생긴 특별한 모자를 써요. 긴머리는 체험에 방해가 된다고 하니까요.

관광객들은 자리에 앉아 안전벨트를 매고 가이드의 지시에 따라 손잡이를 꼭 잡아요. 그리고 파일럿의 안내방송이 잠시 나온 뒤, 이윽고 궤도선이 출발해요. 꽤 큰 진동이 느껴지면서 마치 공항에서 비행기가 이륙하는 것처럼 몸이 의자 뒤로 젖혀지면서 가속되는 것이 느껴져요. 1분 정도 가속되는 동안 누가 내 몸을 누르는 듯한 고통을 잠시 느끼게 돼요. 과거 로켓을 타고 우주여행을 했던 우주비행사들은 이것보다 10배는 더 큰 고통을 경험했다고 가이드가 말해주네요.

가속이 멈추면 몸이 공중에 뜨는 기분이 들어요. 이 기분은 놀이공원에서 롤러코스터가 갑자기 아래로 떨어질 때 경험하는 것과 매우 비슷해요. 가슴이 철렁하고 내려가는 느낌! 그런데 이 느낌이 40분간 계속돼요. 얼마 지나지 않아 옆에 있는 사람들이 구토를 하기 시작해요. 가이드가 옆에 붙어있는 비닐봉지에 토할 수 있도록 안내해줘요. 하지만 불행히도 참다못한 한 아저씨가 우웩거리면서 몸속의 음식물들을 토해버려요. 가이드는 토사물이 떠다니지 않도록 진공청소기로 열심히 이물질을 흡입해요. 무중력 상태에서는 냄새가 잘 퍼지지 않아 옆에 있는 사람만 고통스럽죠.

이제 작은 유리창 너머로 지구의 모습을 관찰하는 시간이 이어져요 가이드는 지금 지나가는 나라와 도시들을 일일이 설명해주고 가끔 보이는 허리케인의 모습과 두꺼운 구름 아래서 번쩍이는 번개도 설명해줘요. 파란 지구는 아름다운 거대한 구슬 같아요. 밤이 되면 반짝거리는 도시의 불빛과 녹색 물감을 풀어놓은 듯한 오로라를 보느라 유리창에서 얼굴을 떼지 못해요.

궤도선이 태평양 상공에 들어서면 볼거리가 없어져요. 가이드가 이제 우주요리를 경험하자면서 준비한 작은 팩을 관광객에게 서서히 던져요. 각자의 눈앞으로 정확하게 도착하는 팩을 보면서 사람들은 환호성을 지르죠. 무중력에서는 이렇게 던지기가 쉬워요.

주스팩에는 빨대가 붙어있는데 주스를 마실 때에는 꼭 빨대를 사용해야 해요. 실수로 팩을 잘못 누르면 빨대로 주스가 빠져나올 것 같지만 세게 누르면 입구가 막히도록 설계되어 있어 걱정은 하지 않아도 돼요. 일종의 안전장치인 셈이죠.

3장. 우주엘리베이터의 미래

그런데 또 서서히 누르면 주스가 새어 나와요. 바로 옆 사람이 이런 실수를 했네요. 노란 주스 방울이 공간으로 분출되어 나왔어요. 가이드가 재빨리 진공청소기를 가져왔지만 이미 늦었네요. 맞은편에 있던 사람이 깊은 심호흡을 하자 떠다니던 제법 큰 주스 방울이 콧구멍으로 쏙 빨려 들어가버리고 말았어요.

잠시 후, 이 사람은 재채기를 하기 시작했고 재채기와 함께 분출된 콧물과 침방울들이 또 공간으로 퍼져나가고 말았죠. 사람들은 이를 피해 우주선의 벽으로 대피했고 눈에 보이지 않는 작은 이물질들을 들이키지 않으려고 모두 입과 코를 막고 멀찌감치 떨어졌어요. 지구에서라면 얼마 지나지 않아 이 모든 불쾌한 이물질들이 바닥으로 떨어졌을 텐데 무중력 상태에서는 계속 떠다니는 거죠.

가이드는 열심히 진공청소기를 돌리고 환기 시스템을 가동시켜 재빨리 공기를 순환시켜요. 한참이 지나서 가이드는 불행히도 오늘 우주요리는 힘들 것 같다면서 우주요리를 만들 수 있는 키트를 기념품으로 주었어요.

시큼한 토 냄새와 주스 냄새로 얼룩진 무중력 투어를 뒤로 하고 사람들은 전망대로 다시 돌아와서 잠시 휴식을 취했어요. 이제 내려오는 클라이머 시간을 기다렸다가 지구 포트로 귀환하면 돼요. 내려오는 데 두 시간 가량 걸리는데 많은 사람들이 이때 잠을 청해요. 우주에서는 피곤이 쉽게 느껴지기 때문이죠.

하지만 일부 사람들은 창밖의 풍경을 다시 볼 수 없을 것이라며 쉬지 않고 사진을 찍고 기념촬영을 해요. 우주여행은 이제 하루 코스의 소풍처럼 다녀올 수 있는 시대가 된 것을 실감할 수 있어요. 아! 그리고 400km 고도부터는 우주에 다녀온 기념으로 인증서를 발급해줘요. 진짜 우주의 시작인 거죠.

가벼워진 몸을 느낄 수 있는 화성 중력 체험

우주에서의 2박 3일은 어떤 느낌일까요? 우주엘리베이터를 타고 즐기는 우주 수학여행. 3,900km를 올라가는 이 투어는 비행기를 타고 오랜 시간 여행을 하는 것처럼 클라이머에서 보내는 시간이 꽤 길어요. 아마도 대부분의 여행자들은 비싼 호텔 대신 클라이머에서 쪽잠을 자야 할지도 몰라요. 자그마치 15시간 정도를 올라가야 하기 때문이에요.

사실 우주의 풍경이란 것은 검은 하늘에 별이 보이는 것이 전부예요. 그러니 처음 한두 시간은 신기하지만 열 시간 넘게 같은 장면을 보고 있으면 지루하고 잠이나 자야겠다는 생각이 들 수 있어요. 그래서 이 상품에는 시간을 재미있게 보낼 만한 여러 즐길 거리가 제공돼요. 영화나 게임을 즐길 수 있고 가상 현실을 통해 우주를 여행하는 체험 프로그램도 제공돼요.

옆자리의 꼬마는 VR안경을 쓰고 체험프로그램을 즐기느라 옆 사람이 힘들어하는 것도 잘 몰라요. 꼬마는 지금 막 우주엘리베이터를 타고 알파센타우리로 떠나는 광속여행을 시작했나 봐요. 몸이 뒤로 젖혀지는 시늉을 하고 입이 벌어지면서 가느다란 신음소리를 냈어요.

"아악~."

"지금 막 광속에 도달했습니다."

꼬마가 쓴 헤드폰의 틈을 비집고 소리가 흘러나와요.

꼬마는 환호성을 지르다가 옆자리에 앉은 저와 반대편 남자의 어깨를 동시에 강하게 밀어냈어요. 덕분에 반대편에 앉은 남자는 10만 원짜리 주스를 옷에 흘려버렸어요. 꼬마의 부모가 와서 문제를 해결하기까지 클라이머 안은 소란스러워졌어요. 과격한 가상체험 때문에 어느덧 클라이머 안에서 매너를 지켜야 한다는 안내방송이 나오고 있네요. 이런 소동에도 클라이머는 여전히 빠른 속도로 상승 중이에요.

지루한 이동을 마치고 드디어 화성중력센터에 도착했어요. 이곳은 지구에서 거의 4,000km 떨어진 곳으로 지구 중력의 약 1/3 정도 중력이 약해요. 클라이머에서 일어나서 나가는 사람들의 걸음걸이가 약간 어색해졌어요. 다들 몸이 한결 가벼워진 느낌을 받아요.

이곳에는 유명한 포토존이 있는데 그곳에서 사진을 찍느라고 벌써 줄을 서고 있네요. 요즘 인싸들이 저마다 사진을 찍어 올린다는 이른바 '우주 테라스'예요. 화성 중력 센터에는 화성의 마리나 협곡에서 이름을 딴 '카페 마리나'가 있어요. 이 카페 2층에는 테라스가 있는데 이곳에서 우주복으로 갈아입고 루프탑 카페 테라스에 나가듯이 문을 열면 우주 테라스가 시작돼요. 이 테라스에서 파란 지구와 검은 우주를 배경으로 갖가지 포즈로 사진을 찍는 것이죠. 테라스는 2층을 한 바퀴 돌면서 이어지는데 날짜를 잘 맞추면 지구에서 보는 것보다 훨씬 큰 어색한 보름달과 함께 사진을 남길 수도 있어요. 물론 테라스를 걸을 때는 안전고리를 테라스의 안전바에 걸고 이동해야 하죠. 어른들은 이곳에서 아기처럼 아장아장 걷는 동영상을 촬영해 서로 공유하면서 즐거운 시간을 보내기도 해요.

테라스 반대편에는 화성에 관한 연구를 위한 별도의 모듈이 있어요. 수십 명의 연구원들이 이곳에서 머물며 다양한 연구를 한다고 해요. 화성 중력에서 건축물의 강도, 식량의 생산, 대기 실험 등 인간의 이주에 대비한 여러 과학 실험을 하고 있죠. 방학 때가 되면 신청자를 받아 이곳에서 이틀 정도 머물면서 연구자들이 하는 실험을 소개하고 체험하는 활동을 할 수 있어요. 체험 비용이 비싼데도 신청자가 많이 밀려 있다고 해요.

그중 가장 인기 있는 것이 '테라포밍'이라는 체험이에요. 테라포밍은 화성의 환경을 지구처럼 만드는 거대한 프로젝트인데 이 프로젝트는 100년 전부터 차곡차곡 진행 중에 있어요. 화성 중력센터 바로 이곳에서 시작되었죠.

예를 들어 화성의 토양을 직접 가져와서 지구에서 자라는 식물이 화성의 토양에서 어떻게 자랄 수 있는지 연구해요. 화성 중력센터에는 거대한 유리 모양의 돔이 있는데 이곳에서 화성토양에 적응 중인 여러 식물들이 있어요. 우리나라에서 보낸 딸기도 있다는데 어서 화성 토양에서 자란 딸기 맛을 보고 싶네요. 과연 어떤 맛일까요?

전문가들은 화성은 지구보다 대기압이 크고, 물이 부족하며, 식물이 자라는 데 반드시 필요한 성분도 부족하다고 해요. 그래서 500년 후에야 테라포밍이 완료될 것으로 내다보고 있죠.

이것저것 체험을 하다 보면 한나절이 금방 지나갔어요. 이제 다시 내려가는 클라이머를 타야 해요. 이번에는 옆자리에 꼬마가 앉지 않길 바라며 편안하게 4D 우주 전쟁 영화를 감상할 예정이에요. 흔들림은 있겠지만 옆사람과 분리된 복도쪽이니 마음 편하게 돌아갈 수 있겠죠?

물이 귀한 우주에서 수영을 할 수 있다?

우주에서 일주일을 머물 수 있다면…?

달의 환경 그대로
달파크에서 휴가를 즐기다.
목도리도마뱀처럼
물 위를 걷는 인기 만점의 체험.

가족들이 목도리도마뱀 표정으로 물 위를 걷는 사진과 함께 짧은 영상이 재생되고 있어요. '달파크'의 광고를 보다 보면 그곳에서 진짜 달을 체험하고 싶어지죠. 그렇다고 목도리도마뱀 흉내는 말고요.

고속 클라이머를 타고 8,900km를 올라가면 만나는 달 중력센터. 광고 속 그 모습보다 훨씬 웅장한 모습이네요. 달 중력센터는 지구 중력의 1/6 정도인 달의 중력이 적용되는 곳이에요. 이곳에서는 유명한 '달파크'라는 우주 최초의 테마파크가 있어요. 그리고 더 유명한 문워터 수영장이 있죠.

너무도 유명한 테마파크이기 때문에 이곳을 여행하기 위해서는 예약 경쟁이 아주 치열해요. 호텔과 수영장을 따로 예약해야 하고 달파크는 따로 또 이곳에서 입장권을 구입해야 하죠. 그야말로 우주에서 보내는 럭셔리한 휴가인 셈이죠.

클라이머에서 내려 호텔로 이어지는 긴 복도는 무빙워크가 설치되어 있어요. 무빙워크가 끝나는 곳에 달파크 입구가 있죠. 입구 오른쪽에는 문워터 수영장으로 가는 카트가 대기하고 있고 호텔 로비에서 체크인을 기다리는 소파와 테이블이 있어요. 중력이 작기 때문에 소파에 앉기가 쉽지 않네요. 지구에서처럼 몸에 힘을 빼고 넘어지듯이 앉아야 하는데 자칫 잘못하다가는 다리가 먼저 들릴 수 있어서 앉는데도 제법 신경을 써야 해요. 익숙한 지구의 중력이 벌써 그리워지네요.

체크인을 하고 호텔에 짐을 맡겨 문워터 수영장에 가볼까요? 카트를 타고 정류장을 빙 돌아 수영장 앞에 다다르니 우주 최고의 시설치고는 너무나도 초라한 모습에 살짝 실망해요. 일반적인 수영경기장의 절반 밖에 안 되네요. 분명 여행을 예약할 때 본 홀로그램 소개 영상에서는 굉장히 규모가 큰 것처럼 보였는데 실제로 보니 동네 수영장과 다를 바 없어요. 하지만 이해하기로 하죠. 여긴 우주니까요.

우주에서 물을 이만큼 볼 수 있다는 것은 사실 대단한 거예요. 클라이머로 지구에서 물을 모두 실어 날랐을 것을 생각하면 물 한 방울 한 방울이 다 돈이죠. 아마도 우주엘

3장. 우주엘리베이터의 미래

리베이터 구조물 중에서 가장 물이 많은 곳이면서 가장 비싼 시설이지 않을까요? 이곳에서 수영은 얼마나 새로울지 벌써부터 기대가 되네요.

옷을 갈아입고 수영장에 발을 디뎌보았어요. 이상하네요? 물에 훅 빠질 줄 알았는데 생각보다 물에 천천히 빠져들고 있어요. 물의 부력과 작아진 중력 때문이죠. 그래서 이곳에서 수영을 잘하는 사람들은 돌고래처럼 물 위로 포물선을 그리면서 수영할 수 있어요. 바로 저기 시범을 보이는 사람들이 있네요. 또 한 번 다이빙을 하면 물방울이 10m 이상씩 튀어올라 느리게 떨어지기 때문에 주변에 비가 내리는 것처럼 보여요.

그래도 가장 신기한 체험은 바로 입구에서도 본 목도리도마뱀 체험이죠. 저기 한 가족들이 목도리도마뱀 모자를 쓰고 오리발을 신고 대기 중이에요. 이 가족들은 아마도 이 순간을 몇 달이나 기다렸을 거예요. 물 위를 걸을 수 있다니. 생각만 해도 신이 나죠. 자, 가이드가 출발 신호를 보내요.

'삑!'

저마다 오리발을 신고 수영장을 달려요. 오리발이 크기 때문에 땅에서 신발을 신고 걷는 것보다도 훨씬 걷기 힘들죠. 그래서 어쩔 수 없이 발을 벌리고 걸어야 하는데 그 모습이 영락없는 도마뱀 같아요. 신나게 다섯 마리 도마뱀이 물 위를 뛰어가요. 그런데 재빨리 걷는 아빠를 제외하고는 모두 물속에 빠져버리고 말았네요. 아빠만 신이 났어요. 나머지 가족들은 물속에서 힘겹게 움직이고 있고요. 순간 엄마의 눈에서 분노에 가득 찬 레이저가 나왔어요. 물론 아빠를 향하고 있군요. 이 가족의 아빠는 오늘밤이 지옥 같을 것 같네요.

우주에 내 발 도장 남기기, 달파크 체험

모두 익숙한 이 사진을 하나씩 들고 있어요. 1969년 달에 처음 발을 디딘 유명한 발자국 사진이죠. 그런데 발자국 모양이 모두 달라요. 자신의 발자국이에요. 그렇죠. 이곳은 달을 재현한 달파크인 거예요. 달에 온 것처럼 온통 하늘이 까맣고 별도 무척 많이 보여요. 이곳에 깔려 있는 흙들도 모두 달에서 가져온 것들이에요. 걸을 때마다 약간씩 흙먼지가 날리고 있어요.

중력이 달과 완전히 같다는 것은 꽤 신비한 체험을 가능하게 해요. 달에서 할 수 있는 모든 체험을 이곳에서 할 수 있죠. 여기에서 영상을 찍으면 전문가도 진짜 달에 다녀왔는지 구분할 수 없다고 가이드가 엄지손가락을 치켜세우면서 자랑을 하네요.

이곳은 사실 달과 다른 점이 하나 있어요. 바로 공기가 있다는 점이죠. 그래서 이곳에서는 불편한 우주복을 입지 않아도 돼요. 하지만 어느 누구도 우주복을 입지 않는 사람이 없어요. 진짜 달처럼 보여야 하거든요. 그래서 다들 멋진 우주복을 입었지만 정작 헬멧은 쓰지 않아요. 그러다가 사진 찍을 때만 헬멧을 잠깐 걸치죠.

체험객들이 제일 먼저 향한 곳은 유명한 달착륙선이 있는 곳이에요. 아폴로 11호의 달착륙선이 있는 이곳에는 미국 국기가 걸려있고 그 옆에 실제로 작동 가능한 자동차

처럼 생긴 로버도 있어요. 조금 있다가 사람들이 사진을 다 찍으면 우리는 로버를 타고 한 바퀴를 돌 겁니다. 가이드가 여기서 촬영한 사진을 인화해서 나눠주었어요. 얼마 만의 종이 사진인지! 그런데 정말 달 같아요. 까마득한 과거인 1969년에 진짜 달에 온 사람들은 얼마나 감격했을까요? 비슷한 장소

처럼 만든 이곳에 체험하러 온 우리도 이렇게 신기한데.

  이제 로버를 타고 이동해요. 지구와는 완전히 다른 승차감을 느낄 수 있죠. 통통 뛰는 것이 아니라 통~~ 통~~ 이렇게 느리게 진동을 해요. 달에서는 모든 게 느리게 느껴져요. 로버 타는 시간은 1분도 안 되는 것 같아요. 금방 다음 사람이 탈 차례가 되고 그동안 가이드는 달 착륙 역사에 대해 설명해줘요. 그리고 발자국이 찍혀있는 곳으로 이동하죠. 그곳에는 최초의 발자국과 여기에서 명언을 남겼다는 표지판이 있어요.

  '한 사람에게는 작은 한 걸음이지만, 인류에게는 위대한 도약이다.'

  이 말의 의미에 대해 생각해봤어요. 수백 년 전 인류가 시작한 우주를 향한 모험과 도전이 지금의 우주엘리베이터 건설까지 이어진 것이죠. 당시 인류의 도전이 없었다면 우리는 이런 생활을 꿈꿀 수 있었을까요? 오늘밤은 달 호텔에서 우주 개발의 역사에 대한 영상을 봐야겠어요. 우주에서 보는 우주 다큐멘터리. 훨씬 실감날 것 같아요.

3장. 우주엘리베이터의 미래

달에서 즐기는 농구와 탁구는 어떨까?

호텔에 도착해서 짐을 찾아 방으로 갔어요. 이름만 방이지 사실은 기숙사나 다름없어요. 이곳에서 제대로 된 방에서 자는 것은 정말 사치스러운 일이예요. 지구에서보다 100배는 더 비싼 값을 치러야 하니까요. 이 기숙사 한 칸도 지구보다 50배 비싼 숙소이거든요. 좁은 캐비넷 하나와 좁은 침대 한칸에 옷가지를 넣고 세면도구를 풀어 정리하고 다시 호텔 로비로 나왔어요. 호텔 로비에서 체육관으로 가서 스포츠 체험을 해야 하거든요.

달 스포츠 체험은 이곳 호텔에서 빼놓을 수 없는 무료 체험 시설이에요. 운동 기구는 단 두 개밖에 없어요. 농구대와 탁구대가 전부죠. 농구는 자유투와 덩크슛만 할 수 있어요. 이리저리 드리블을 하려면 아마도 호텔 가이드처럼 이곳에 6개월 이상을 살면서 연습을 해야 할 거예요.

어떤가요? 자유투에 성공했나요? 그러면 간단한 점프 연습을 더 해보기로 해요. 드디어 지구에서는 절대 할 수 없는 덩크슛을 할 수 있어요. 그런데 덩크슛의 성공 조건은 <u>높</u>이가 아니에요. 바로 <u>점프 조절</u>이 필요해요. 얼마나 높이까지 뛸 것인지 예상하고 힘을 조절해야 하죠. 스프링이 있는 발판에서 힘껏 뛰었다가는 체육관의 천장까지 올라갈 수 있어요. 그래서 적당히 뛰어야 하는데 아무래도 이곳이 처음인 관광객은 조절이 쉽지 않아서 자꾸 천정에 머리를 부딪치게 돼요. 그때마다 나머지 일행들이 웃고 소리치고 난리가 나요. 그래서 호텔 로비까지 웃음소리가 떠나지 않아요.

탁구 체험은 두 명이 공을 쳐서 넘기는 체험이에요. 이게 당연한 일인데 여기서는 당연하지 않아요. 익숙한 조교만이 제대로 된 핑퐁을 즐길 수 있어요. 왜 그럴까요? 가뜩이나 가벼운 탁구공인데 중력까지 1/6이 돼버리니 힘 조절이 어렵기 때문이에요. 툭하면 위로 솟아오르고 테이블을 벗어나기 일쑤죠. 이곳에서 적당하게 탁구채를 휘둘렀다

고 하면 곧바로 대기권을 뚫고 나갈 기세로 공이 치솟아 오르고 말아요. 치솟아 오른 공은 천장을 맞고 한참 있다가 다시 떨어지는데 걸어서 공을 주우러 가는 것도 쉽지 않아요. 중력이 작기 때문이죠. 게다가 땅으로 떨어진 공은 다시 튕겨 높이 솟아오르게 되고 또 그 공을 쫓아다니느라 체력이 모두 소모되고 말아요. 그래서 이곳의 탁구 체험은 공 몇 번 안치고 땀이 많이 나는 운동이 돼요.

　제법 적응이 된 관광객 한 명이 조교와 한번 붙자고 눈빛을 보내고 있어요. 조교는 하찮은 웃음을 짓고 경기가 막 열려요. 10점을 먼저 내는 쪽이 이기는 게임이에요. 자, 경기가 시작됐어요. 경기는 생각보다 박진감 넘치지 않네요. 공이 느리게 떨어지기 때문이죠. 수평방향으로 치는 공의 속력은 느리지 않기 때문에 조교가 스매쉬를 하면 관광객이 위로 띄우고, 한참 있다가 또 조교가 공격하면 관광객이 위로 띄우면서 수비를 하니 공격으로 점수를 얻는다기보다 위로 뜬 공이 테이블을 벗어나는 것으로 대부분 점수가 나게 돼요. 경기는 끝났고 생각보다 재미있었다고 느꼈어요. 달에서 하는 스포츠는 마치 슬로우 비디오를 감상하는 느낌이에요.

　이제 방으로 와서 잠을 청할 시간이네요. 벌써 이곳에도 어둠이 드리워졌어요. 탁구로 땀이 조금 났는데 샤워는 꿈도 못 꾸네요. 모두 물수건 같은 타월로 별도의 공간에서 몸을 닦아내요. 그래도 개운하니 다행이에요. 이곳은 물이 귀해 타월의 남은 물은 다시 짜서 재활용한다고 해요. 그리고 보니 화장실의 대소변에서 쥐어짠 물도 재활용한다고 하죠. 우주에서는 물이 얼마나 소중한 물질인지 다시 한번 깨닫게 되네요. 지구에 내려가면 물을 정말 아껴 쓸 것 같아요.

인류의 새로운 희망, 우주공장

　우주엘리베이터를 건설하면서 가장 사람들이 관심있어 하는 것은 아무래도 여행이에요. 그런데 회사의 연구원들도 우주엘리베이터에 무척 관심이 많아요. 그것은 지구에서보다 우주에서 좀 더 쉽게 만들 수 있는 물건이나 재료가 있기 때문이에요. 또 우주에서 지내기 위해서 반드시 필요한 것들을 지구에서 하나같이 실어 날라야 하는데 그렇게 하지 않고 직접 우주에서 만드는 시도를 하기도 하죠. 우주음식이 바로 대표적이에요. 지구의 토양을 그대로 가져와서 햇빛과 최소한의 물을 이용해 밀과 쌀을 재배하고 과일을 만들기도 해요.

　이렇게 우주엘리베이터가 만든 우주시설에서는 지구에서 가능한 모든 것을 우주에서 해결하려고 해요. 오히려 지구에서는 불가능한 것들을 해결하기 위해서 끊임없이 연구하고 있죠. 그렇다면 우주공장에서 만들 수 있는 것들은 어떤 것들이 있을까요?

우주의 식량 보급지, 우주공장의 건설

수백 년 전에 인류가 우주에 처음 나갈 때는 우주식량이라는 것이 있었어요. 음식에 수분을 모두 제거하고 말린 상태에서 진공포장을 했죠. 그리고 물을 넣고 전자레인지 같은 것에 데워 먹는 것이 전부였어요. 음식맛은 뭐 안 먹어 봐도 대충 상상이 가겠죠?

시간이 지나면서 급속냉동 기술이나 상온 보관 기술이 발전하면서 일상에서도 요리한 직후 바로 먹는 것처럼 신선한 음식이 가능해졌죠. 그런데 우주에서는 여전히 이것이 쉽지 않았어요. 지구에서 물을 가져다 쓰기에는 너무 비용이 많이 들었고 신선한 재료를 실어 나르기에는 그 양을 감당할 수 없었죠. 그래서 우주농장이 필요했어요. 우주에서 음식을 직접 만들 재료가 필요했던 거예요.

LED 빛과 약간의 지구 토양, 그리고 이산화탄소와 물만 있으면 식물은 자랄 수 있어요. 문제는 대규모로 자동화된 농장을 만드는 것이었어요. 수십 년간 연구한 결과, 중력이 식물에게 미치는 영향에 대해서는 연구가 완료되어 있었어요. 그래서 식물별로 적당한 중력에 해당하는 위치에 농장이 만들어졌고 먼저 밀 재배가 성공적으로 이루어졌어요.

드디어 밀을 수확하고 가공해서 빵이 만들어졌어요. 이로써 우주에서 기본적인 식량 생산은 확보된 줄 알았죠. 문제는 인간의 끝없는 식탐이었어요. 포장된 인스턴트 우주식량만 먹다가 빵을 먹었을 때 감동했던 이들이 이제 빵에 치즈를 발라 먹고 싶다던가, 빵 사이에 소시지를 끼워 먹고 싶다는 욕망이 생겨버린 것이죠. 그래서 배양육을 연구하기 시작했어요. 배양육이란 소나 돼지, 닭의 근육 조직을 배양시켜 고기처럼 만드는 것을 말해요. 지구에서처럼 동물을 길러 잡아먹으려면 동물에 사료도 먹여야 하고 숨쉬기 위한 산소와 물, 배설물도 처리해야 하고 무엇보다 넓은 공간이 필요해요. 그래서 우주에서는 근육을 배양시켜 고기를 만들게 됐어요. 아직은 공장 규모가 크지 않아 우

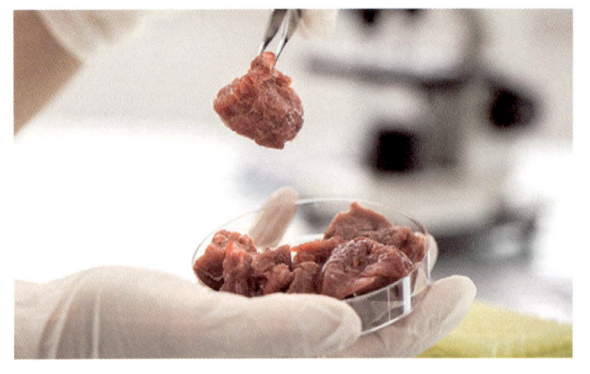

주에서 필요한 모든 고기를 공급할 수 없어요. 하지만 배양육의 성장 속도를 빠르게 하는 연구가 진행되고 있으니 조만간 빵 사이에 소시지를 끼워서 먹을 수 있는 날이 올 것 같아요.

어떤 사람들은 채소도 다양하게 즐기고 싶어 해요. 그리고 디저트로 과일도 먹고 싶어 하죠. 이 모든 것들을 가능하게 하려면 어마어마한 공간이 필요해요. 하지만 채소밭과 과수원을 우주에 건설하는 것은 비용이 너무나도 많이 드는 일이죠. 그 많은 토양과 식물들이 살아가는데 필요한 공기, 물, 무엇보다 진공과 대기압의 차이를 견딜만한 튼튼한 건물을 만들어야 하기 때문이에요. 우주에서 공간을 마련한다는 것은 매우 어려운 일이라서 이 비싼 시설을 고작 채소와 과일나무를 키우는 공간으로 사용하기에는 너무나 아까웠죠. 더군다나 과일나무를 키우기에는 물이 지나치게 많이 필요해서 결국 과일은 지구에서 실어 나르기로 결정했죠. 일부 채소 정도만 농장에서 키우기로 했어요.

우주에서 여간해서는 맛볼 수 없는 대단히 비싼 음식 재료가 있어요. 바로 해산물이에요. 해산물은 전부 지구에서 공급해야 해요. 우주에 바다를 만들 수 없기 때문이에요. 생각해보세요. 양식을 한다고 해도 그 많은 바닷물을 옮겨와서 담아둘 공간을 만들고 먹이도 주고 온도도 맞춰 주어야 하는데 그건 정말 어려운 일이거든요. 물고기는 배양육을 만들기도 어려워요. 하지만 현재 참치의 배양육 연구가 진행되고 있긴 해요. 아직 초보 단계지만 성공만 한다면 고급 식재료가 될 수 있어요.

우주에서 생산하는 작물은 수백 가지가 넘어요. 그리고 우주에서 생산하는 고기는 지구에서 공급된 고기와 함께 우주인들의 식사로 제공되고 있죠. 물론 우주에서 만든

식재료보다 지구에서 만든 식재료가 서너 배는 가격이 비싸요. 언제나 원조가 더 비싸고 맛있는 법이니까요.

우주농장에서 자란 식량으로 우주요리대회를!

우주농장에서 생산되는 재료는 지구와 비교해 종류가 많지 않고 그 양도 적어요. 또 맛도 조금은 달라요. 우주엘리베이터 건설 초기의 우주요리는 지구의 요리를 가져와서 물을 부어 먹는 우주식량과 비슷했어요. 하지만 우주에 거주하는 사람들이 많아지면서 우주에서 먹는 식사에 대한 불만이 터져 나왔죠. 그래서 우주요리에 대한 관심이 많아졌어요. 올해도 역시 우주요리대회가 열린다고 해요. 우주에서 생산된 재료만을 이용해 우주생활에 어울리는 새로운 요리를 만들어내는 것이죠.

우주요리는 지구에서 나는 재료로 지구의 방법으로 만드는 요리가 아니에요. 이곳 우주에서 나는 재료와 우주의 방법으로 만드는 우주레시피 요리를 뜻하죠. 벌써 수십 년째 이어오는 우주요리에서 많은 사람들이 새로운 우주요리를 개발했어요. 토마토 케찹을 대신할 새로운 소스가 만들어져 이 소스 이름을 '스페이스 케찹'이라고 이름 붙였어요. 또 멕시코 음식인 타코처럼 밀가루 반죽에 여러 채소를 구형으로 싸서 먹는 우주 음식을 개발했는데 이 이름을 '시공간 랩'이라고 이름 짓기도 했죠. 이처럼 해마다 새로운 우주요리가 개발되고 있어요.

우주엘리베이터에서 가장 많은 사람들이 거주하는 지오스테이션에 음식 공장이 있어요. 이곳에서는 요리 방법이 특별해야 해요. 이곳은 무중력 상태이기 때문이에요. 따라서 음식물을 용기에 담을 수 없고, 물에 넣고 끓일 수 없어요. 중력이 없어서 물이 아래로 가라앉지 않아서 냄비에 물을 담기가 힘들기 때문에 우주요리는 특별한 방법을 이용해야 해요.

우주요리는 얇은 팩에 물과 요리 재료를 넣고 전자레인지 같은 전자파 가열장치에 넣고 가열시켜요. 가열이 되어 끓기 시작하면 얇은 팩이 기체는 통과시키고 액체는 담아두게 돼요. 이렇게 요리가 완성되면 되면 이것을 짜서 축구공처럼 생긴 유리 용기에 넣어요. 그리고 한쪽 공간에 놓아두죠. 요리 용기들은 떠다니기 때문에 이곳 요리 공장의 그릇들은 모두 바닥이 평평하지 않아도 되죠. 그래서 많이 담을 수 있는 동그란 구형이에요.

튀기는 것도 마찬가지로 특수 용기에 기름을 넣고 감자나 새우를 넣고 전자파 가열장치에 넣어요. 이 과정은 모두 로봇이 수행해요. 기름은 온도가 높고 작은 기름방울이 퍼지면 매우 위험하기 때문에 분리된 공간에서 튀겨져요. 이렇게 만든 새우튀김은 아마도 지구에서보다 100배는 비쌀 거예요.

요리들은 대부분 팩에 넣어서 공급돼요. 어떤 요리는 숟가락이 제공되지만 대부분의

3장. 우주엘리베이터의 미래 163

요리들은 짜서 먹을 수 있는 치약 형태의 튜브로 제공되죠. 그래도 꽤 맛이 있어서 인기 메뉴는 예약이 넘쳐요.

우주요리가 이처럼 성공한 것은 최근의 일이에요. 우주엘리베이터 건설 초기의 우주요리와 비교하면 아주 발전된 것이죠. 우주요리의 개발 이야기는 아주 재미있어요. 제1회 우주요리대회 영상은 동영상 인기 순위 10위 안에 항상 올라가요. 1회 대회는 각 나라의 전통 요리들을 우주에서 만드는 것으로 진행되었죠. 영상의 첫 번째 팀은 이탈리아 팀인데 실제로 무중력 상태에서 피자를 만들기 위해 무중력 화덕을 제작해왔어요. 그러다가 화덕의 불 때문에 경기장 전체에 산소 부족 경고가 떠서 갑작스럽게 대회가 중단되고 재빨리 대피해야 했죠. 우주에서 불의 사용은 매우 위험하지만 여전히 화덕으로 구운 피자 맛을 보여주고 싶은 요리사들의 열정이 화를 부른 것이죠.

문제는 더 있었어요. 이번에는 한국의 참가자들이 김치를 만들어 보자며 밀폐용기에 김치를 보관해두었어요. 그런데 김치가 발효되면서 생긴 탄산에 의해 용기가 팽팽해지다가 참가자가 뚜껑을 여는 순간 폭발해 버린 거예요. 대회장은 절인 배추와 붉은 김칫국물로 뒤범벅이 되어버리고 말았죠. 덕분에 청소 후에도 이 공간은 김치 냄새 때문에 한동안 출입금지되기도 했어요. 지금도 이곳에 가면 김치 냄새가 나는 것 같은 착각을 하는 사람도 있어요. 물론 한국인만 그렇게 느끼는 건지도 모르겠지만요.

일본의 우동 요리도 시도됐어요. 사실 튀김 요리를 신청했다가 우주에서 기름의 가열을 허가할 수 없다는 대회 관계자의 권고로 우동으로 바꾼 것이었죠. 그런데 전통적인 지구 방식으로 우동을 끓이겠다고 하면서 불이 없으니 핫플레이트 쓰다가 그만 문제가 터지고 말았어요. 핫플레이트는 한쪽만 가열되는데 무중력 상태에서는 끓으면서 물이 대류가 되지 않아 한쪽만 끓고 윗부분은 여전히 차가워서 결국 괴상한 우주 우동이 되어버렸던 거예요.

어떤가요? 다양한 실패에도 불구하고 우주요리는 지금도 여전히 발전하고 있어요.

많은 사람들이 우주요리에 도전하고 있고 새로운 요리를 개발하여 우주에서 거주하는 사람들에게 맛있는 음식을 제공하고 있죠. 이제 우주요리라는 새로운 분야가 생겨서 대학에서도 우주요리에 대해 배우고 요리사들이 우주로 실습을 나오기도 해요.

"미래에는 완전히 새로운 우주요리가 탄생할 겁니다. 과거 알약을 먹고도 배가 부른 허황된 화학약품이 아니라 씹고 맛보는 재미를 갖춘 새로운 요리를 개발하는 것이 목표입니다."

어제 방송에 출연한 우주요리 주방장은 미래 우주요리에 대해 연구하고 있다면서 이렇게 인터뷰했어요. 분명 우주요리는 새로운 분야로 자리 잡고 있어요. 우주요리사는 많은 청년들이 선망하는 직업 중 하나가 되었으며 여러 기업에서 투자하는 유망한 산업이 되었어요.

우주공장의 장점

우주엘리베이터의 모든 구간에서 지오스테이션만 완전한 무중력 상태예요. 지오스테이션 아래는 아래로 잡아당기는 중력 때문에 아래로 내려갈수록 지구 중력과 같아져요. 그래서 바닥을 아래에 두어야 하죠.

반면 지오스테이션 위로는 원심력이 커져서 우주 방향으로 바닥을 두어야 해요. 이런 구조 때문에 클라이머도 지오스테이션에서는 180도 회전한 후 이동해요. 덕분에 지오스테이션은 많은 사람들이 쉬어가는 환승 공간으로 우주의 도시 같아요. 이곳에는 무중력을 이용한 많은 공장들도 있어요.

지구에서 자동차는 동그란 바퀴가 있어야 해요. 바닥에 붙어서 굴러가야 하니까 정확하게 동그랗게 만들어야 하죠. 조금이라도 일그러지면 굴러갈 때마다 자동차가 위아래로 출렁일 거예요. 그래서 타이어를 만들 때는 고속으로 회전시켜서 만들기도 해요. 원심력을 골고루 받아 동그랗게 만드는 거죠. 때로는 일정한 힘을 받는 것이 상품을 만드는데 이롭지만 어떤 경우는 일정한 중력이 오히려 방해가 되기도 해요. 대표적인 것이 광섬유죠. 광섬유는 빛을 이용한 통신 수단인데 여전히 우주에서도 간섭 없는 통신을 위해서 무선통신과 함께 광통신이 사용돼요. 광섬유는 무척 투명해야 하는데 그 이유는 빛이 통과해야 하기 때문이에요. 그래서 불순물이 없어야 해요. 지구에서 광섬유를 제조할 때 가장 많은 불순물은 작은 공기방울이에요. 지구에서는 작은 공기방울을 중력 때문에 제거하기 힘들다고 해요. 그래서 무중력 상태가 필요하죠. 무중력 공장에서 광섬유를 만드는 것이 비용이 덜 들고 더 좋은 품질의 상품을 생산할 수 있어요.

무중력 상태는 새로운 재료를 만드는 것에도 도움이 돼요. 물과 기름을 섞으면 물이 가라앉고 기름이 뜬다는 사실은 모두 알고 있을 거예요. 그렇다면 무중력 상태에서는 어떻게 될까요? 무중력 상태에서는 물과 기름을 유화제라는 화학물질 없이도 잘 섞을 수 있어요. 이렇게 중력의 효과가 사라지는 장소에서는 화학반응이 지구에서와는 다르게 진행되기도 해요. 또 지구에서는 무조건 약품들을 비커와 같은 용기에 넣어야 하는데 무중력에서는 공중에 동그랗게 띄우고 처리할 수 있기 때문에 용기에서 묻을 수 있는 불순물에 의한 영향을 줄일 수 있어요. 그래서 좀 더 순수한 물질을 만들 수 있는 것이죠.

반도체도 마찬가지예요. 반도체 공정에서는 불량품이 적게 나와야 하는데 무중력 상태의 진공에는 불순물을 크게 줄일 수 있어서 불량품을 획기적으로 줄일 수 있다고 해요. 우주는 항상 진공이니까요.

이렇게 무중력 상태는 많은 장점들이 있어요. 지구에서는 제조가 힘든 약품이나 화학물질들을 이곳에서 제조할 수 있으며 순도 높은 제품들을 만들 수 있죠. 그래서 이곳 무중력 공장들은 점점 늘어나고 있는 추세랍니다.

다양한 설계가 가능한 우주공학

비행기는 가벼워야 하죠. 그래야 쉽게 날고 멀리 갈 수 있기 때문이에요. 한편 비행기는 튼튼해야 해요. 비행기가 가볍기만 하고 튼튼하지 않으면 착륙할 때 충격으로 부서지거나 방향을 꺾거나 급하게 움직일 경우 동체가 부러질지도 몰라요. 하지만 가볍고 튼튼하게 만드는 것은 아주 어려운 일이기도 해요.

그래서 비행기에는 여러 가지 신소재가 사용돼요. 탄소섬유나 타이타늄, 항공용 알루미늄 등이 그것이죠. 지구에서는 중력을 받기 때문에 물건들이 튼튼하려면 제 무게를 버틸 수 있는 기둥들이 필요하죠. 비행기도 바퀴를 지탱하는 축과 전체 골격에 두껍고 강한 소재를 써야 해요. 건물도 마찬가지로 튼튼한 기둥이 있어야 하고요.

그런데 만약 무중력이라면 어떨까요? 과연 기둥이 필요할까요? 우주에서는 우주선이나 건물을 지을 때는 기둥이 필요가 없어요. 동체나 건물을 한 방향으로 당기는 중력이 없기 때문이죠. 이렇게 우주에 짓는 건물이나 우주선들에는 지구와는 다른 설계 기술이 필요해요. 이것을 우주공학이라고 해요.

우주공학 기술에 따르면 우주선을 만들 때부터 지구에서와 차이가 많이 난다고 해요. 지구에서는 비행기를 만들 때 뼈대를 만들고 이를 지탱하기 위한 보조를 만들죠. 그런 후 아래에서 위로 차곡차곡 쌓아서 만들어 가요. 하지만 우주에서는 위아래가 없죠. 따라서 기둥 없이 뼈대를 만들어 놓고 엔진과 출력장치를 고정하고 가운데에서부터 밖으로 채워나가는 방식으로 만들게 돼요. 이렇게 하면 만드는 시간을 줄여줄 뿐만 아니라 들어가는 재료와 장치도 적어서 비용을 줄일 수 있어요.

모양도 달라지게 돼요. 지구에서 비행기는 공기를 헤치고 나가야 하지만 우주에서는 공기저항을 고려할 필요가 없기 때문에 우주선의 모양은 아무런 문제가 되지 않아요. 때문에 유선형의 우주선을 만들 필요가 없죠. 아래가 평평하지 않아도 되고요. 우주공학에 따르면 우주선의 설계는 지구의 비행기와 근본적으로 다르기 때문에 출발점부터 새로 설계해야 해요. 과거 로켓을 타고 우주여행을 하던 시절에는 로켓을 만들 때 지구의 중력과 공기저항 때문에 두꺼운 기둥과 강한 소재, 뾰족한 앞부분이 필요했어요. 이제는 이곳 우주에서 곧바로 출발하기 때문에 필요한 부분만 튼튼한 소재를 넣으면 되며 뾰족하지 않아도 되는 거예요. 물론 여전히 뾰족한 앞부분이 매력적으로 보이긴 하지만요.

우주선의 내부 구조도 달라져야 해요. 로켓이나 비행기는 중력을 고려해서 사람들이 이동하는 통로를 반듯하게 위아래 구분이 있도록 만들어야 해요. 하지만 우주선은 위아래 구분이 없어도 돼요. 그래서 통로는 모두 배관 파이프처럼 원통형이고 바닥은 없어요. 대부분 떠서 이동하기 때문에 군데군데 손잡이가 필요하고 방향을 가리키는 표지판 정도만 있으면 돼요.

우주의 건물은 우주공학에서 가장 중점을 두는 부분이기도 해요. 우주의 건물은 사람이 거주하는 곳과 그렇지 않은 곳으로 구분돼요. 사람이 거주하는 곳은 공기가 필요하기 때문에 기압을 잘 견딜 수 있는 구형으로 설계하는 것이 일반적이에요. 그래서 컨트롤 타워, 호텔, 연구소 등은 모두 포도알처럼 동그란 구형이 나란하게 매달려 있는 구조로 지어져요.

반대로 공장이나 저장 창고 등은 가지각색의 모양을 갖고 있어요. 우주에서 물건들을 조립하는 공장은 사람이 출입하지 않고 대부분 자동화되어 있어서 진공에서도 작동해요. 때문에 특정한 모양을 갖지 않고 벽도 없어요. 생산 로봇은 24시간 돌아가기 때문에 쉴 시간도 필요 없고 고장이 날 때만 로봇팔을 움직여서 수리를 하면 돼요. 그래서 이런 건물들은 뼈대를 갖추고 뼈대에 필요한 장치를 고정시키는 나무줄기 모양을 하고 있죠. 아주 효율적인 구조인 셈이에요.

우주공학 연구 단체에서는 매년 청소년들을 대상으로 우주선 디자인 대회를 열고

있어요. 우주선 모양의 제한이 없어지면서 기능과 디자인을 모두 고려한 창의적인 모습의 우주선이 개발되고 있죠. 실제로 몇몇 우주탐사선은 이 대회에서 수상한 학생들의 디자인이 적용되기도 했어요. 학생들의 독창적이고 기발한 아이디어가 우주공학에 기여하는 좋은 기회가 되는 거예요. 지난해에는 유럽연합의 초등학생이 과거 지구에서 멸종한 바다 공룡인 모사사우르스에서 영감을 받아 우주선을 디자인했는데 이것이 최우수 작품으로 선정되기도 했답니다.

전기 사용이 자유로운 우주

지난주 지구에서 우주엘리베이터 건설 200주년을 기념하여 '우주엘리베이터의 모든 것'에 대해 특별 다큐멘터리를 제작해서 보여주었어요. 중간에 우주엘리베이터에 관한 퀴즈를 내고 지구의 일반 시민들에게 맞추도록 했는데 의외로 잘 맞추지 못하는 문제가 있었어요. 어떤 문제였을까요?

> **우주엘리베이터에서 흥청망청 써도 되는 것은?**
> ① 물 ② 산소 ③ 음식
> ④ 전기 ⑤ 수건

정답은 무엇일까요? 수건일까요? 정답은 전기예요. 바로 거대 태양광 발전소가 건설되면서부터 남는 전기를 지구로 전송하고 있죠. 그래서 전기 사용이 매우 자유로워요. 물론 에너지를 절약하고는 있지만 태양광 발전으로 만들어내는 양이 소비량보다 많아 여유가 있다는 뜻이에요.

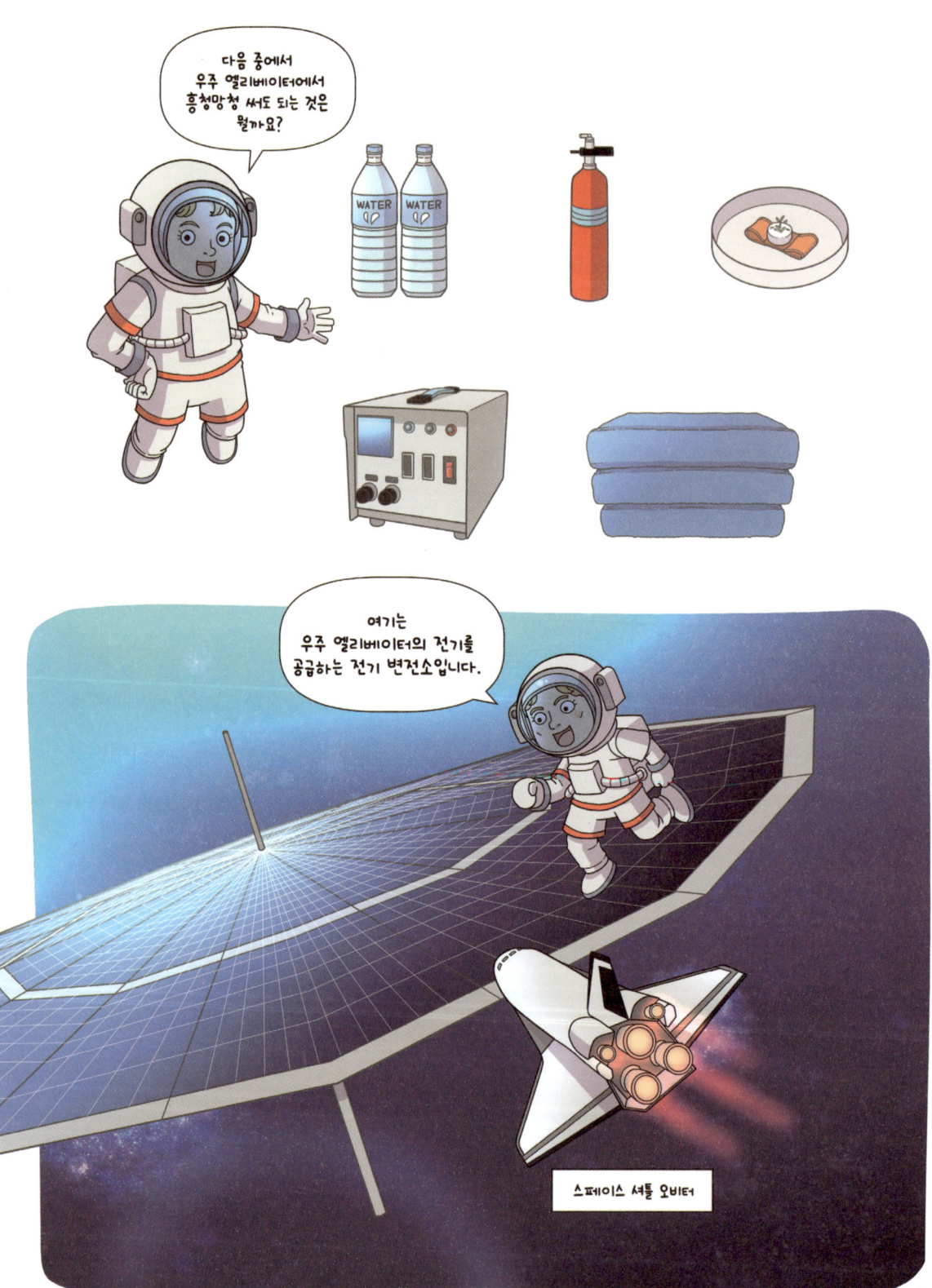

우주에서 전기를 만들어내는 방법은 생각보다 다양해요. 태양광 패널을 이용해 햇빛을 모아 전기를 만들어 낼 수도 있죠. 열전달 모듈에서 햇빛이 비추는 쪽과 반대쪽의 온도차를 이용해 전기를 만들기도 해요. 태양광 발전소가 건설되기 전에는 소형 원자로를 설치해서 원자력 발전으로 전기를 생산했어요. 그러다가 핵융합 발전소가 상용화되어 지오스테이션에서 핵융합으로 전기를 만들어 썼죠.

핵융합 발전소는 수소가 헬륨이 될 때 만들어지는 에너지를 이용한 것이에요. 태양에서 나오는 에너지가 핵융합 에너지죠. 하지만 많은 공간을 차지하고 장치도 복잡해서 결국 가장 효과적이고 단순한 기술인 태양광 발전을 하기로 했어요.

지금 지오스테이션에 있는 태양광 발전소는 지름이 거의 100km가 넘어요. 그 많은 태양광 패널에서 생산한 전기는 변전 시설을 거쳐 우주엘리베이터 시스템을 작동시키는 에너지로 쓰이고 각 시설에 전기를 공급하고 있어요. 100여 년에 걸쳐 만들어진 이 거대 구조물은 옆에서 보면 끝이 없이 이어져요. 가끔 패널을 수리하는 무인 우주선이 이리저리 돌아다니는 장면과 로봇팔이 수리하는 장면을 볼 수 있죠.

지오스테이션의 투어프로그램에 신청하면 거대 태양광 발전소를 한 바퀴 도는 여행도 할 수 있어요. 수백 년 전 우주왕복선인 스페이스 셔틀을 타고 태양광 발전소 주변을 한 바퀴 돌면서 인류의 우주 개발 역사와 시설을 돌아보는 여행이죠. 인기가 아주 많답니다. 친구와 함께 어렵게 자리를 예약해서 돌아볼 수 있는 기회가 생겼어요.

스페이스 셔틀은 1980년대 개발되어 약 30년간 사용된 초기 우주로켓의 오비터라는 셔틀이에요. 지구로 다시 돌아와야 했기에 비행기처럼 날개가 있고 짐을 실을 수 있는 적재함이 있어요. 투어에 사용되는 오비터는 이곳 적재함에 사람을 태울 수 있도록 여객선 구조로 만들어서 운행하고 있었죠.

비행기처럼 유리창도 있어요. 과거 출발할 때처럼 로켓 분사 방식으로 출발해요. 좌석의 모니터에서는 홀로그램으로 옛날 당시 영상이 재생돼요. 1986년의 챌린저호와

2003년 콜롬비아호 폭발 영상이 재생되면서 로켓을 활용한 우주여행의 위험성을 말해 줘요. 이제 우주엘리베이터가 운영되면서 로켓의 폭발 위험으로부터 벗어나 좀 더 편리하게 우주를 탐사하게 되었다는 이야기로 끝을 맺어요.

창밖으로는 끝도 없는 태양광 패널이 보여요. 이 패널은 설치 순서에 따라 H1, H2, H3 구역으로 구분돼요.. 패널 기술이 발전하면서 패널이 점점 가벼워지고 효율은 올라가서 패널의 색과 설치된 모양이 약간씩 달라요. 패널 수천 장이 한 유닛으로 묶여있는데 태양빛이 비추는 각도에 따라 유닛 전체가 회전해서 태양빛을 가장 잘 받을 수 있는 방향으로 회전해요. 패널들 중간에는 패널에서 얻은 전기에너지를 일시적으로 저장하는 배터리 역할을 하는 ESS가 있어요. 이곳에서 전기를 모았다가 중앙ESS에 전송하고 필요한 곳에 전기를 나누어 줘요.

셔틀이 속도를 줄이면서 패널에 가까이 다가가요. 이렇게 하면 아주 가까이서 패널의 모습을 지켜볼 수 있죠. 셔틀이 멈추자 로봇팔이 나와서 패널을 살짝 건드려요. 패널은 비닐처럼 얇아요. 초기 H1패널은 두께가 꽤 되었는데 이 H3패널은 비닐처럼 말아서 보관이 가능하다고 해요. 자세히 보니 이 스페이스 셔틀의 표면에도 이런 H3패널이 입혀져 있네요. 셔틀 안에서 사용하는 전기는 모두 이 태양광 패널에서 얻은 전기로 사용한다고 해요.

투어를 마치고 나오니 거대 태양광 발전소의 변전소를 견학하는 투어도 있어요. 이곳에서는 우주엘리베이터 곳곳으로 전기를 보내요. 전기는 온도가 낮아야 효율이 높다고 하죠. 이곳은 햇빛이 비추지 않으면 영하 270도가 넘는 아주 추운 곳이에요. 그래서 우주에서 전기에너지를 생산하고 송신하는 것이 효율이 더 좋아요.

끝없는 인류의 여정, 우주탐사

과거 지구에서 출발하는 우주탐사선은 로켓 전체 무게의 3%밖에 안 되는 탐사선을 위해 97%의 로켓을 만들어야 했어요. 그마저도 연료 무게가 80%라고 하니 정말 비효율적이었죠. 마치 커다란 탱크로리 트럭에 연료를 가득 싣고 고작 택배상자 하나를 나르는 셈이죠. 게다가 발사가 실패할 것을 대비해 탐사선을 반드시 두 개씩 제작해야 했다고 해요. 실제로 20%가량이 실패해서 공중에서 폭발하거나 분리 과정에서 예상치 못한 방향으로 나아가서 실용성이 높지 않았죠.

이제는 우주엘리베이터로 지상에서 끌어올려 우주에서 출발하게 되면서 비용을 획기적으로 절약하고 성공확률도 높아졌어요. 우주엘리베이터는 우주탐사의 새로운 방법을 제시하면서 더 먼 우주로의 도전을 가능하게 했어요.

저궤도 위성 게이트

고도 23,750km에는 특별한 시설이 있어요. 이곳에서 위성을 떨어뜨려 위성을 궤도에 안착하도록 합니다. 이곳에서 인공위성을 떨어뜨리면 고도가 300km 정도 되는 지점에서는 궤도 운동을 하며 지구를 돌게 돼요. 궤도를 돌기 위한 속력을 떨어지면서 얻게 되는 것이죠. 물론 속력을 줄여주면서 궤도 운동을 할 수 있도록 조정을 해야 해요.

처음부터 300km 지점에서 옆으로 쏘면 안 되냐고요? 네~ 300km 지점에서 수평방향으로 쏘아도 되긴 해요. 그런데 아주 빠른 속도를 내도록 쏘아야 하는데 그렇게 되면 많은 연료가 필요하게 되죠.

또 연료통도 커야 하기 때문에 위성의 크기가 커져요. 게다가 가속할 때 힘을 받기 때문에 위성도 더 튼튼하게 만들어야 해서 오히려 비용이 많이 들게 돼요. 그래서 더 높이 끌어올려 이곳에서 떨어뜨리는 거예요. 이곳을 '저궤도 위성 게이트'라고 해요.

이곳에도 전망대가 있어서 로켓을 떨어뜨리는 것을 관람할 수 있어요. 다만 일반 관광객용은 아니에요. 우주엘리베이터 회사의 여러 부서가 있는데 인공위성을 대신 쏘아주는 일을 하는 부서에서 로켓의 경로를 관찰하는 전망대 겸 관제실 역할을 수행하는 곳이에요.

수백 년 전에는 지표면에서 커다란 로켓에 작은 인공위성을 싣고 불꽃을 뿜어내가며 쏘아 올렸는데 이제는 그보다 1/100도 안 되는 비용으로 인공위성을 제 궤도에 올릴 수 있어요. 로켓의 엔진이나 연료가 필요 없이 위성 본체와 약간의 추진체만 있으면 정확하게 궤도에 올릴 수 있다고 하니 훨씬 편하게 위성을 올릴 수 있죠. 그래서 우주엘리베이터가 만들어진 이후에 위성의 수가 아주 많아졌어요.

자연스럽게 우주 쓰레기를 수거하는 문제도 불거졌는데 이 역시 아주 활발하게 연구되고 있죠. 아마 조만간에 다 쓰고 버리는 위성을 수거하는 별도의 로봇위성이 개발되

어 자율주행으로 수거를 하러 돌아다닐 것 같아요.

우주 쓰레기 수거에는 많은 회사가 경쟁하고 있어요. 위성이 돌고 있는 궤도가 정해져 있기 때문에 궤도마다 몇 개의 회사들이 로봇 청소기처럼 생긴 우주 쓰레기 흡입 위성들을 운영하고 있죠. 우주 궤도에는 과거에 쏘아 올리고 수명이 다한 위성들이 아직도 수거되지 못한 채 돌고 있어요. 이것들을 강한 자석으로 당기거나 그물처럼 생긴 망으로 포획하는 방법을 사용하고 있죠.

문제는 아주 작은 파편들인데 이런 파편들은 위성들끼리 충돌하고 나서 생긴 작은 부스러기들이에요. 이 조각들은 레이더에도 탐지되지 않으면서 아주 빠른 속도로 궤도를 돌기 때문에 매우 위험해요. 총알보다 더 빨리 돌기 때문에 일반적인 방법으로 이것들을 모으기가 매우 어려워요.

어떤 청소 위성들은 강력한 자기장을 이용해 이들의 궤도를 옮겨서 수거하기도 해요. 또 어떤 위성들은 작은 쓰레기가 통과하는 위치에 모래주머니 같은 충격 흡수 소재를 두어 수거하려는 시도를 하고 있어요.

위성을 만드는 것은 어려운 기술을 필요로 하지만 그에 못지않게 위성을 수거하는 것 또한 높은 기술과 많은 비용이 들어요. 그래서 수십 년 전부터 위성을 올릴 때 수거 비용을 미리 납부해야 하는 규정이 생겼어요. 가정에서 쓰레기를 버릴 때 수거 비용을 내거나 종량제 봉투를 사야 하는 것과 같은 이치예요. 모든 것은 언젠가 버려지기 때문이죠.

화성에서 살 날이 곧 실현된다!

지구에서 화성에 가기 위해서 출발하는 곳. 이곳은 화성 터미널이에요. 이제 화성에 여러 가지 구조물을 짓고 인류의 이주를 위해 준비하고 있어요. 이 과정에서 물건들을 실어나르기 위해 탐사선과 화물선 등이 이곳에서 출발해요. 이 터미널에서 약간의 추진력으로 출발하면 지구의 공전과 자전으로 회전하는 속력이 더해져 우주에서 아주 빠른 속력을 낼 수 있어요. 마치 달리는 자동차에서 공을 던지면 차의 속력과 공을 던지는 속력이 더해지는 것과 같아요. 우주엘리베이터는 사람이 팔을 회전시켜 공을 던지는 것과 같은 원리예요. 팔이 길수록 빠른 공을 던질 수 있는데 적당한 팔길이로 던지면 화성까지 가는 속력을 얻을 수 있는 것이죠. 이렇게 하면 당연히 지표면에서 로켓으로 출발하는 것보다 훨씬 연료를 절약할 수 있어요. 그리고 더 많은 짐과 연료를 실을 수 있어서 빠르게 화성까지 갈 수도 있죠. 한편에는 사람들이 탈 수 있는 여객선들도 있어요. 화성까지 수개월이 걸리기 때문에 제법 커다란 우주선들이 정박해 있죠. 이 우주선들은 크루즈선처럼 수십 개의 방으로 된 구조로 되어 있고 여행을 위해 음식과 물, 연료를 싣고, 많은 승무원들이 탑승해요.

이제 인류가 화성에서 살아갈 날이 얼마 남지 않았어요. 테라포밍이 성공하면 인류는 처음으로 지구 이외에 다른 행성으로 이주하여 살아가게 돼요. 화성에 인류가 사는 것에 우주엘리베이터의 공이 커요. 우주엘리베이터가 없었다면 그 많은 시설들과 사람들, 화물들을 어떻게 화성으로 나를 수 있을까요? 우주엘리베이터가 인류의 새로운 역사에 큰 도움이 되고 있는 거예요.

우주엘리베이터의 종착지, 펜트하우스 터미널

지구에서 우주엘리베이터를 타고 오를 수 있는 가장 높은 곳. 이곳에 우주탐사를 위한 터미널이 있어요. 가장 높은 곳을 의미하는 펜트하우스에서 이름을 딴 펜트하우스 터미널이에요. 지표면에서 자그마치 10만km 위치에 있죠. 지구에서 달까지 거리의 1/3 정도

쿠오오오-

와우! 여기까지 오는 사람은 거의 없는데, 대단한데요?

저기가 바로 우주엘리베이터의 종착지인 펜트하우스 터미널이에요!

지구로부터 무려 10만km나 떨어져 있지요.

인 거리예요. 이곳까지 올라오는 데만 몇 달이 걸려요. 그래서 이곳에는 사람이 별로 없어요. 이곳에서 거주하는 사람들은 모두 우주터미널을 운용하는 우주엘리베이터 회사 소속 직원들뿐이고 간혹 우주의 오지를 여행하는 취향이 특이한 부자 여행객들뿐이죠.

대부분의 시설들은 로봇으로 운영되기 때문에 이곳에서 지내는 것은 별로 추천하지 않아요. 이곳은 우주엘리베이터의 끝이에요. 지구의 오지보다 더욱 척박한 환경이에요. 더 이상 나아갈 곳이 없는 마지막 종점 같은 곳이죠. 이곳은 지구에서 가장 멀기 때문에 가장 빠르게 회전해요. 이곳에서 탐사선이 출발하면 가장 빠른 속력을 낼 수 있어요. 가만히 탐사선을 놓아도 지구가 공전하는 속력인 초속 30km에다가 지구의 자전으로 인한 펜트하우스 터미널 속력인 초속 7km가 더해져요. 이 속력은 이제껏 지구의 어떤 로켓도 내지 못한 속력이에요. 이 속력에 약간의 추진력만 있으면 목성까지 별도의 도움 없이 갈 수 있을 정도죠. 물론 목성의 중력을 이용하면 더 먼 곳까지도 갈 수 있어요.

수백 년 전 인류가 보이저 2호를 발사시켜 처음으로 태양계를 벗어났어요. 이후로 많은 탐사선을 내보내 목성과 천왕성, 해왕성, 명왕성에 대한 정보를 얻었죠. 이제 우주엘리베이터의 도움으로 탐사선들은 지표에서 발사하던 것에 비해 훨씬 간편하게 출발할 수 있고 연료도 더 많이 실을 수 있게 됐어요. 그렇게 목성에 근접해서 여러 정보를 얻어 다시 복귀할 수 있게 됐어요. 토성의 위성 타이탄에 착륙하고 암석을 채취하여 지구로 가져오기도 해요. 모두 우주엘리베이터가 있었기에 가능한 일이에요.

이제 며칠 후 출발하는 탐사선은 해왕성의 가장 큰 위성인 트리톤으로 향해요. 탐사선은 트리톤 대기를 돌면서 얼음으로 덮힌 표면 아래에 물이 존재하고 있는지, 생명체는 있는지를 알아보는 임무를 수행하게 돼요. 가끔 보이는 얼음 화산의 성분을 분석하고 화산 분출물의 샘플을 채취해 지구로 가져올 예정이에요. 머지않아 명왕성에 착륙해서 명왕성 생성의 신비를 풀어줄 탐사선이 출발할지도 몰라요.

이제 우주탐사선은 더 깊은 우주로 나아갈 채비를 하고 있어요. 과거 보이저 2호가

했던 임무보다 더욱 빠르고 많은 정보를 얻어올 것으로 생각되네요. 명왕성을 넘어서 카이퍼 벨트를 지나 태양계의 끝인 오르트 구름을 헤치고 태양의 영향력을 벗어나 그곳의 정보를 보내올 거예요. 과연 그 미지의 깊은 우주는 어떤 신비를 품고 있을까요? 우주엘리베이터는 인간의 호기심의 한계를 더욱 끌어올리고 있어요.

우주광산으로 인류의 새로운 꿈을 꾸다!

목성 주변의 소행성을 끌어다가 그 속에서 금을 캘 수 있다는 생각은 아주 오래전부터 SF소설에 등장했어요. 그 당시에는 순전히 소설가의 상상력에 의존했었죠. 그런데 이제는 현실이 되어버렸어요.

100여 년 전 나사는 목성까지 날아가 지름이 10m인 소행성을 포획하는 계획을 세웠어요. 이 소행성을 달에 가져와 희귀한 광물을 채굴할 계획이었죠. 소행성을 끌어오는 과정은 지금 생각해도 굉장한 난이도의 작업으로 우주탐사 역사에 남을 고도의 기술로 평가되고 있어요. 처음에는 소행성을 끌고 오는 과정에서 소행성이 부서질 것에 대비하여 커다란 천으로 보자기처럼 소행성을 감싸는 방법이 시도됐어요. 지름이 10m이기 때문에 가능한 생각이었죠. 그런데 대부분의 소행성이 자체로 회전을 하고 있던 터라 천을 씌우기가 어렵다고 판단되어 이 프로젝트는 시도조차 되지 못했어요.

이후 호주의 한 광산 회사가 획기적인 방법을 고안했어요. 먼저 소행성에 작은 추진 로켓을 박아 추진가스를 분출하며 소행성의 회전을 멈추게 했어요. 그런 후에 로봇이 착륙해 드릴로 구멍을 얕게 뚫어 고정시키고 커다란 끈을 탐사선과 연결했죠. 이 방법으로 광산 회사는 나사보다 10배나 큰 100m 크기의 소행성을 끌어다 달에다 옮겨놓는 데 성공했어요. 문제는 채굴할 장비를 지구에서 옮겨야 했는데 이것 또한 만만치 않

미국항공우주국(NASA)이 계획하고 있는 '소행성궤도변경임무(ARM)'를 나타낸 상상도(가운데). 원통형의 그물망에 소행성 조각을 넣어 달 궤도까지 끌고 온다. ARM 과정에서 소행성 표면에 있는 지름 3m 내외의 바위를 포획하는 모습(맨위쪽). 미국의 우주기업 '딥 스페이스 인더스트리'가 구상 중인 광물 채굴용 우주선 '하비스터'(맨아래).

3장. 우주엘리베이터의 미래

앉다는 거예요. 결국 아직도 그 소행성은 달 한켠에 고스란히 놓여있게 됐어요.

우주엘리베이터가 등장하면서 이런 우주광산 산업이 새로운 도약의 기회가 됐어요. 소행성을 끌어와 달에 가지 않고 우주엘리베이터의 끝에 매달아 두면 되기 때문이에요. 우주엘리베이터의 끝은 균형을 위해 질량추가 필요한데 소행성이 질량추의 역할을 충분히 할 수 있었죠. 게다가 소행성에서 광물을 채취할 장비를 지구에서 옮기기도 편하고 광물을 지구로 보내기도 수월했어요. 물론 대부분의 광물은 우주엘리베이터를 확장하는 재료로 사용됐어요. 지금도 이 방식으로 첫 번째 소행성에서 여러 가지 광물을 채굴하고 있어요.

원래 지구가 처음 만들어질 때에 무거운 광물은 중력에 의해 땅속으로 가라앉고 비교적 가벼운 광물만 지표면에 떠 있다가 굳어져서 지각이 됐죠. 그래서 지구의 표면에서는 무거운 광물을 얻기가 힘들어요. 하지만 원시 행성들이 부서질 때 흩어졌던 소행성 중에는 핵의 일부였던 소행성이 있어요. 이들에게는 금과 백금 등 무거운 원소들이 대량으로 포함되어 있죠. 그래서 잘만 고르면 일확천금을 얻을 수 있어서 많은 광산회사가 눈에 불을 켜고 비싼 소행성을 살피고 있어요.

달에도 우주엘리베이터를 만들 수 있을까?

지구뿐만 아니라 달에도 우주엘리베이터를 건설하려는 시도가 있어요. 달에 우주엘리베이터를 설치하면 달 표면까지 우주선을 타지 않고 편리하게 오갈 수 있기 때문이에요. 달은 중력이 지구보다 작고 자전을 느리게 하기 때문에 정지궤도가 표면에서 멀리 떨어져 있어요. 따라서 우주엘리베이터의 균형추를 더 멀리 설치해야 해요. 이렇게 되면 지구의 우주엘리베이터 끝과 달의 우주엘리베이터의 끝이 수천 km 정도로 가깝게 설계할 수 있게 돼요.

다만 지구가 빠르게 자전하기 때문에 직접 이 둘을 연결하진 못해요. 대신 펜트하우스 터미널에서 우주선을 이용해 몇 시간 정도면 지구와 달 사이를 오갈 수 있게 되는 거죠. 달의 펜트하우스에 도착하면 엘리베이터를 타고 내려가 달의 표면에 내릴 수 있어요. 이렇게 지구와 달을 오가는 편리한 방법이 만들어지는 것이죠. 이제 달이 더 이상 지구의 위성이 아닌 지구의 일부가 될 날이 얼마 남지 않은 것처럼 보여요.

인류의 미래를 향한 출발

　우주엘리베이터는 단순한 시설이 아니에요. 인류가 함께 힘을 모아 건설한 최초의 건축물이며 가장 거대한 프로젝트죠. 동시에 인류의 미래이기도 해요. 인류가 우주로 나아가기 위한 첫 계단 같은 의미라고나 할까요.

　우주엘리베이터는 인류의 미래를 어떻게 바꿀 수 있을까요? 아마도 이제껏 인류가 상상하지 못한 수많은 변화들이 있을 거예요. 상상 이상의 일들이 벌어질지도 몰라요. 인간의 호기심은 더욱 깊어질 것이고 더 먼 우주로 향할 거예요. 그 미지의 여행에 우주엘리베이터가 함께할 거예요.

　그래서 한편으로는 우주엘리베이터를 탑승하는 것이 새로운 시작을 의미할지도 몰라요. 우주로 나아가는 새로운 도전의 시작. 우리 모두 우주엘리베이터에 탑승해 볼까요?

우주엘리베이터의 출발, 지구포트

가까스로 마지막 남은 우주엘리베이터 탑승 티켓을 구입했어요. 석양을 바라보며 200km를 올랐다가 내려오는 4시간짜리 상품이에요. 이 상품에는 육지에서 해상의 지구포트까지 자기부상열차 비용이 포함되어 있어요. 자기부상열차 터미널은 쇼핑몰 지하에 있고 관광객과 직원용으로 30분마다 3량씩 운행이 돼요. 11km 떨어진 해상 지구포트는 해저 터널로 연결되어 있고요.

해상 지구포트는 바다에 떠 있는 구조물이에요. 너무 가벼우면 작은 파도에도 출렁이고 너무 무거우면 가라앉기 때문에 속이 빈 콘크리트의 부력을 이용해 떠 있어요. 주변으로는 파도를 막을 수 있는 방파제가 설치되어 있죠.

이 거대한 건물은 10만 km의 우주엘리베이터의 케이블과 연결되어 있어요. 케이블은 해저에 고정되어 있는데 해상 지구포트에서 케이블을 당기는 힘을 조절하는 역할을 해요. 놀랍게도 이 구조물은 움직일 수 있어요. 폭풍이 몰아치거나 해일이 발생할 경우 추진 장치가 있어서 동서남북으로 수십 미터씩 이동할 수 있죠. 이때는 물론 해저터널이 폐쇄돼요.

해상터미널에는 엘리베이터 출발 플랫폼과 관제시설, 유지보수 시설, 클라이머 격납고, 임시 발전 시설, 비상용 대피 시설 등이 자리 잡고 있어요. 중형 크루즈 선박이 접안할 수 있는 접안시설이 있고, 화물을 싣고 내리는 항구가 있죠. 한쪽에는 비상용 대피 선박이 항상 대기 중이에요. 관제시설의 위에는 레이더가 있으며 항공기나 선박의 접근을 원천적으로 차단해요. 우주엘리베이터 인근은 비행 금지구역이며 비행기가 접근할 경우 EMP(전자기펄스)를 쏘아 강제로 추락시킬 수 있어요. 허가받지 않은 선박의 접근에 대비해 어뢰 20문이 설치되어 있기도 하고요.

해상 지구포트에는 관광객을 위한 대기 시설로 작은 쇼핑몰과 음식점, 전망대가 있

어요. 전망대에 오르면 해상 터미널에서 출발하는 클라이머와 하늘로 끝없이 연결된 케이블의 모습을 가까이에서 볼 수 있어요.

출발! 우주로!!

출발 시간이 됐어요. 이제 플랫폼으로 이동해볼까요? 플랫폼은 5층으로 되어 있는데 관광용 클라이머는 3개층만 사용해요. 지오스테이션 근무자들은 반대편 플랫폼에서 별도로 의료 검역을 받아야 하며, 간편 우주복을 착용하고 대기 중이죠. 탑승 전 관광객들은 휴대품 검사를 하는데 비행기와 마찬가지로 휴대 금지 물품의 경우 압수되어 돌아올 때 돌려주는 방식이에요. 4시간의 여행 중 발생할 수 있는 사고에 대비한 교육이 20분 정도 이어지고 혈압과 맥박 같은 간단한 신체검사를 진행해요.

드디어 탑승하는 시간이에요. 밖을 향해 동심원처럼 배치된 의자에 앉아 창밖을 봐요. 아직 터미널의 플랫폼이 보이지만 잠시 후 안내 방송과 함께 홍보 비디오 영상이 창문에서 재생돼요. 좌석 아래에는 방사선을 막을 수 있는 금속소재 옷이 담겨있고 비상 시 산소 호스가 달려 있는 우주복이 있어요.

"우주엘리베이터에 탑승하신 것을 환영합니다."

파일럿의 음성이 흘러나오고 위급 상황 시 해야 할 일들에 대한 영상이 재생되고 있어요. 승무원들은 안전벨트가 자동으로 매여졌는지 확인하고 승객들이 긴장하지 않도록 눈웃음을 짓네요. 화면이 다시 유리창으로 바뀌고 유리창의 구석에 현재 고도가 표시돼요.

해발 0m.

파일럿의 음성과 함께 클라이머가 천천히 출발해요. 건물의 엘리베이터처럼 창밖의 배경이 점점 아래로 내려가기 시작하더니 금방 해상 터미널을 벗어나 드넓은 바다가 보이기 시작해요. 고도는 빠르게 올라가다가 금방 km 단위로 바뀌어요. 그리고 몇 분 후 시속 200km로 상승하고 있다고 알려줘요. 클라이머가 안정적인 속도가 되면 안전벨트를 풀고 이동할 수 있어요. 승객들은 저마다 창문으로 다가가요. 까마득히 아래에 육지가 보이고 옆으로는 구름이 재빠르게 스쳐 지나가네요.

영국의 과학자이자 SF작가인 아서 클라크는 우주엘리베이터가 건설되는 시기를 재미있게 표현했어요.

"누구도 이 아이디어를 비웃지 않은 시기로부터 50년 후."

사람들은 이제 아무도 우주엘리베이터를 비웃지 않아요. 우주엘리베이터 덕분에 인류는 이제 우주로 나아가는 새로운 역사의 출발점에 서 있으니까요.

어느덧 인도양 너머로 해가 저물고 있어요. 발 아래에는 붉게 노을이 지고 있고 하늘에는 별이 보이기 시작해요. 그리고 검푸른 하늘 위로 끝이 보이지 않는 케이블이 선명하게 태양의 붉은 빛을 반사하고 있어요. 이 케이블의 끝은 우주로 열려있어요.

그 순간 파일럿의 음성이 들려요.

"승객 여러분 이제 여러분은 우주에 들어섰습니다."

**우주엘리베이터,
이제 탑승할 시간입니다!**

1판 1쇄 인쇄 2023년 8월 21일
1판 1쇄 발행 2023년 8월 28일

글쓴이	김상협, 김홍균, 정상민
그린이	최진규
펴낸곳	㈜중앙출판사
펴낸이	이상호
책임편집	이수미
디자인	얼앤똘비악
주소	경기도 고양시 일산동구 고봉로 32-9 625호
등록	제406-2012-000034호(2011.7.12)
전화	031-816-5887	팩스 031-624-4085
홈페이지	www.bookscent.co.kr	이메일 master@bookscent.co.kr
인스타그램	@bookscent_

ISBN 979-11-92925-15-8 (73400)

ⓒ 김상협, 김홍균, 정상민, 최진규 2023

※ 본 책은 저작권법에 의해 보호를 받는 저작물이므로 무단 전재와 복제를 금합니다.
※ KC마크는 이 제품이 공통안전기준에 적합하였음을 의미합니다.

KC					
	모델명	우주엘리베이터, 이제 탑승할 시간입니다! **제조년월** 2023.08.28. **제조자명** ㈜중앙출판사 **제조국명** 대한민국
	주소	경기도 고양시 일산동구 고봉로 32-9 625호 **전화번호** 031-816-5887 **사용연령** 4세 이상

책내음 책내음은 ㈜중앙출판사의 유아아동 브랜드입니다.

본 도서는 카카오임팩트의 출간 지원금을 받아 만들어졌습니다.